U0176418

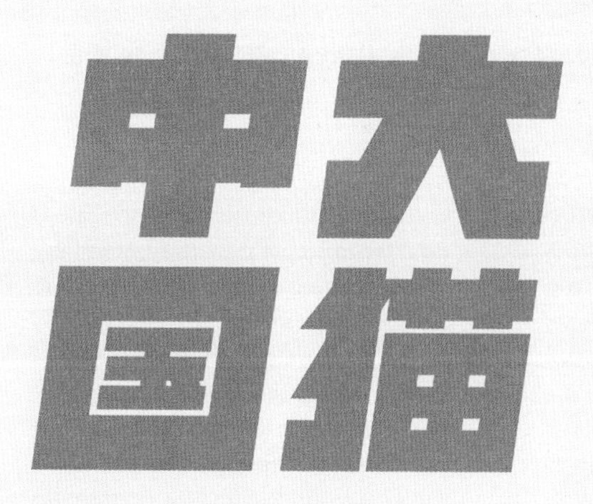

WILD CATS OF CHINA

吕植——————主编

中信出版集团 | 北京

推荐序 RECOMMENDATION PREFACE

As we cuddle a domestic cat, taking pleasure in its content purring, we tend not to think about the forty species of wild cats most of which have a precarious future. These species range in size from the two-pound rusty spotted cat in South Asia to the powerful beauty of a five-hundred pound male Siberian tiger. With an ever-increasing human population consuming nature unsustainably, the habitat of cats is becoming increasingly fragmented. Various cat species are trapped and shot for their pelts, for their perceived medicinal value of their body parts, and because some occasionally prey on livestock. The fate of the Asiatic cheetah is a sad example of human negligence and indifference. This cheetah once ranged from the Near East to India, but during the past century it was mindlessly killed until today only about fifty retain a tenuous presence in Iran.

Starting in 1980, I have traveled widely in China to conduct wildlife surveys in cooperation with local institutions. As the timely and important book *Wild Cats of China* notes, the thirteen species of cats in the country need widespread advocates for their conservation, including every individual from school child to government official, and from local communities to social organizations. Though roaming widely in remote parts of China, I seldom encountered signs of wild cats. In northeast China, I smelled the musky scent mark of a Siberian tiger on the trunk of a tree, and on the Qinghai-Xizang Plateau we encountered a lynx three times and a Pallas's cat or manul once. Snow leopards still were found sparsely in the high mountains where they left their feces along the base of cliffs. The content of these feces showed that the cats subsisted mainly on wild prey such as blue sheep and marmots.

In China as elsewhere the popular and scientific focus is on the big cats, whereas the small ones, such as the marbled cat and fishing cat, have been largely ignored and remain little known. This fortunately is changing. The Chinese Felid Conservation Alliance (CFCA), a non-governmental organization, which I had the pleasure of meeting in 2016, has focused on gaining basic knowledge about the country's wild cat species and their environment, including the small and elusive ones such as the Chinese mountain cat and manul. This book, *Wild Cats of China*, produced by the CFCA, is a masterful narrative about the wild lives of the cat species. I sincerely hope that the book will inspire every reader to become involved in striving to protect these important and beautiful members of China's fauna with passion and compassion.

George Schaller

当我们“撸”着家猫，享受着它满足的呼噜声时，很少有人会想起还有约 40 种野生猫科动物，而且其中大多数都面临着不确定的未来。这些物种大小不一，小至南亚体重不足 1 千克的锈斑豹猫，大到西伯利亚地区可重达 250 千克、强大而美丽的雄性东北虎。随着人类越来越多地以不可持续性方式消耗大自然，野生猫科动物的栖息地正变得日益破碎化。为了获取其美丽的毛皮，为了攫取其骨、肉的药用价值，或者是为了报复其偶尔捕食家畜的行为，各种猫科动物被诱捕和猎杀。在人类无意的疏忽或是有意的漠不关心下，许多猫科动物走向险境。亚洲猎豹就是其中一个悲惨的例子。这种猎豹的分布曾经从近东地区延伸到印度，但 20 世纪，亚洲猎豹被肆意猎杀，今天，只有约 50 只亚洲猎豹在伊朗维持着脆弱的种群。

从 1980 年开始，我到过中国诸多地方，并曾与当地机构合作进行野生动物调查。虽然我的足迹遍及中国许多偏远地区，但我发现野生猫科动物踪迹的次数并不多。在中国东北地区，我在一棵树的树干上闻到了东北虎为标记领地留下的气味；在青藏高原，我三次遇到猞猁，一次遇到兔狲。目前，在高山上偶尔还能发现雪豹的踪迹，它们会在悬崖边留下粪便。这些粪便的成分表明，雪豹主要以野生猎物为生，如岩羊和旱獭。以小窥大，可知中国猫科动物的状况并不乐观。正如《中国大猫》这本及时而重要的书所指出的，中国 13 种猫科动物的保护需要各界人士的广泛支持，需要从学生到政府官员，从地方社区到社会组织的每个人的力量。

和其他地区一样，在中国，大众和科学界对猫科动物的关注都集中在大型猫科动物上，而小型猫科动物在很大程度上被忽视了，如云猫和渔猫仍然鲜为人知。幸运的是，这种情况正在逐渐转变。猫盟（Chinese Felid Conservation Alliance，CFCA）是一个公益环保组织，我从 2016 年开始与其结缘。猫盟关注中国所有的野生猫科动物，专注于获取这些物种及其栖息地的本底信息，包括神秘的小型猫科动物，如荒漠猫和兔狲。猫盟参与编撰的《中国大猫》妙趣横生地描述了中国猫科动物的野外生活。我真诚地希望这本书能够激发每一位读者对野生猫科动物的热爱和同情，激励大家积极参与猫科动物保护，努力守护中国动物家族中这些重要而美丽的成员。

乔治·夏勒

前言 INTRODUCTION

虎的命运是一个关乎人类的隐喻

2022 年，我们迎来了又一个虎年。然而，虎，以及大多数野生猫科动物，在这个星球上依然生存艰难。

20 世纪 90 年代，我曾在不同国家的森林中追寻虎的身影：从尼泊尔奇特旺国家公园泥地上的脚印，到俄罗斯远东地区雪地中冒着热气的尿渍，以及在印度伦滕波尔国家公园森林里的废弃城堡中游荡的野生虎，甚至还目睹了机灵的野猪幼崽虎口逃生的精彩场面。

2000 年，我与夏勒博士、张恩迪博士以及西藏自治区林业厅的张宏等徒步进入墨脱，寻找孟加拉虎的踪迹。此前这里曾有虎捕食了村民放养在森林中的马匹，林业部门特批当地村民猎捕这只虎。当我们到达墨脱县格当乡时，乡干部达瓦的脖子上就挂着这只虎的犬牙——那场狩猎就是由他组织村民完成的。在调查队与达瓦共同交流、调查 10 多天后，这位在村里素有威望的老猎人在村民大会上承诺，以后不再上山打猎，因为他意识到，虎吃马与虎的野生猎物羚牛数量的减少不无关联：“以前上山打猎，一两天就能碰到羚牛，现在需要 7 天。”如果羚牛多起来，虎吃家畜的情况就少了。遗憾的是，那次调查我们没能看到虎的踪迹。此后 10 余年间，尽管这里有关于虎痕迹的零星报道，但再也没有人目睹过虎。直到 2019 年，中国科学院昆明动物研究所布设的红外相机捕捉到两次虎一闪而过的身影。

虎曾经是一个在亚洲广泛分布的物种，分布范围西起小亚细亚半岛东部，东至黑龙江流域，南及喜马拉雅山脉南麓、中南半岛至巴厘岛。过去 100 多年间，虎退出了 90% 以上的历史分布区，在西亚和中亚、爪哇岛和巴厘岛、南亚和中南半岛以及中国的部分地区灭绝。今天，虎的栖息地高度碎片化，从俄罗斯远东地区的温带森林到南亚次大陆、中南半岛和苏门答腊岛的亚热带和热带森林，虎被分割成很多小种群，总数仅 4000 余只。

中国曾是多虎之国，拥有多个虎亚种，包括里海虎（新疆虎）、东北虎、孟加拉虎、印支虎和华南虎，其中华南虎广布于中国大部分省区。然而，目前中国确认有分布的虎，只有东北地区的东北虎及墨脱的孟加拉虎。在很长一段时间里，虎在中国都被视为“害兽”，“打虎”则是为民除害的英雄之举，加之虎骨、虎皮的经济价值，对虎的大规模猎杀屡见不鲜。雪上加霜的是，虎在中国的适宜栖息地多位于“胡焕庸线”以东，这片区域适于农业开发，人口的迅速增长改变了这里的土地利用类型，导致虎的栖息地大范围丧失。遇上人类时，“百兽之王”也只能退却。

面临同样命运的其实不仅是虎。根据分类标准的不同，全世界共有 38 ~ 41 种野生猫科动物，中国拥有其中 13 种，是世界上同时拥有猫科动物物种数最多的国家之一。除了虎，中国还生存着雪豹、豹、云豹、猞猁、金猫、豹猫、渔猫、兔狲、云猫、野猫、荒漠猫、丛林猫。这些猫科动物大都处于食物链顶端，其生存需要充足的食草动物种群和栖息地，这与人类不断扩张土地的需求充满了矛盾，它们的数量和分布在同一历史时期都出现了收缩。

目前，中国最重要的猫科动物分布中心位于人口较少的西南山地，以及人口更少的青藏高原和喜马拉雅山脉。近年来，青藏高原的雪豹、猞猁、兔狲、荒漠猫等在经历了一段时期的数量下降后，种群和分布逐渐呈现稳定或恢复的趋势，这对调节鼠兔等繁殖快、数量多的食草动物种群，以及维护草原的生长和恢复，起到重要作用。

特别值得一提的是西藏墨脱县及其周边的雅鲁藏布大峡谷地区。从背崩乡的格林村一眼可见垂直高度从海拔 700 米的雅鲁藏布河谷上升到海拔 7782 米的南迦巴瓦峰，在水平距离 40 千米的范围内出现了 7000 米以上的海拔落差，拥有从热带雨林到高山冰雪带的 8 ~ 9 个主要植被类型。这里的原始森林面积居全国之首，丰富多样且原始的生境为众多野生动物提供了良好的庇护所。我们在这一带布设的约 100 台红外相机在一年多的监测中记录到了云猫、豹猫、金猫、云豹、雪豹等猫科动物，其中金猫记录到多种色型，云豹则可能是国内最大的种群。随着监测的持续和监测范围的扩大，相信会有更多的发现。

自 1998 年前后启动天然林保护工程和退耕还林工程后，中国大部分地区的森林陆续免遭砍伐和开垦，逐渐开始恢复。2000 年我们在墨脱走过的许多火烧迹地如今都已经长成了郁郁葱葱的野生芭蕉林和各种次生林。在这些变化的背后，是理念的更新、文明的进步，以及人们对人与自然的关系和发展路径的审视。然而，我们也看到经济强大以后，大量基础设施建设在带来交通便利、收入增长和发展机遇的同时，也对生态系统的连通性和完整性造成破坏，令人担忧。

现实就是这样，保护在进步，发展也在加速，人与自然的关系总是起起伏伏，在欣喜和忧虑之间不断转换。双赢需要很多前提：人类的生存状况、经济收益的满足、发展的境遇、对未来的期望……但最终能否双赢取决于我们的价值观。2022 年，在世界经受了新冠肺炎疫情连续 3 年的重创之后，生活如何恢复？经济如何拉动？而自然在不断的挑战中能否持续保持韧性？这自然同样是我们人类的命运所依赖的根基。

好消息是，在这个“本命年”，孟加拉虎又数次出现在墨脱，给人以希冀——在当地政府和居民保护森林和野生动物 10 多年后，孟加拉虎也许真的会回来，并逐步建立稳定的种群。

期待下一个虎年会有更多好消息。

北京大学生命科学学院自然保护与社会发展研究中心执行主任、保护生物学教授、山水自然保护中心创始人

吕植

目录 CONTENTS

如何阅读本书

《濒危野生动植物种国际贸易公约》附录级别
附录Ⅰ
国一
《国家重点保护野生动物名录》保护等级
《世界自然保护联盟（IUCN）红色名录》受胁等级
近危
种群数量变化趋势：→ 平稳、↘ 下降、↗ 上升
英文名
中文名
学名
分布图
手绘图及物种基础信息
物种信息介绍
物种故事
扫码观看视频

从亚洲东北部白雪皑皑的森林，到南亚次大陆炎热的湿地高草丛，再到喜马拉雅山脉南坡海拔 4000 米的高山，甚至是苏门答腊岛上潮湿闷热的雨林，都活跃着一种体型巨大、姿态优雅的大猫——虎（*Panthera tigris*）。

作为体型最大的猫科动物之一，虎的足迹一度遍布亚洲大陆以及东南亚的一些岛屿。在剑齿虎类大猫消失后，虎成为亚洲大陆上最强大的捕食者。虎的形象深深刻入了亚洲各国的文化里，无论是凶恶的、勇武的、狡诈的，还是神圣的。如今这种斑斓的大猫已经所剩无几，9 个亚种有 3 个已经灭绝，剩下的 6 个里有 4 个都濒临灭绝，只有孟加拉虎和东北虎在人类多年持续有力的保护下，种群呈现增长的态势，勉强摆脱了灭绝的命运。

TIGER

虎

TIGER 虎

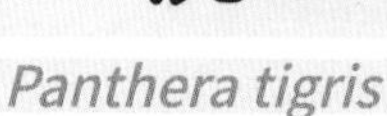

Panthera tigris

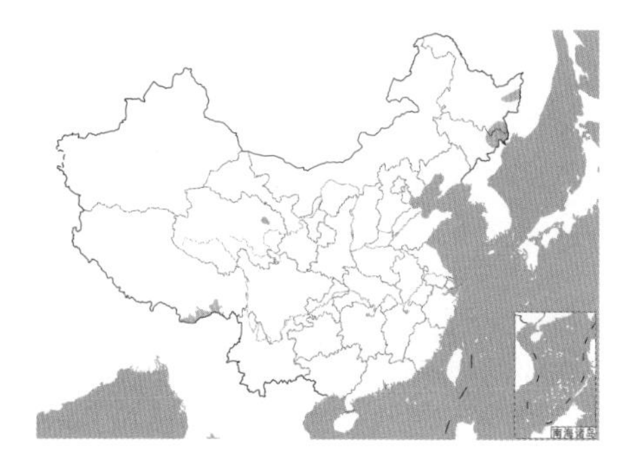

演化与分类

虎大约在 200 万年前起源于东亚，曾经十分兴旺。冰期导致的适宜栖息地缩减使得虎的种群极度萎缩，直到大约 11 万年前才重新兴旺起来。随着虎的复兴，虎种群迅速扩张，一些幸存的虎从亚洲东南

▶东北虎。李冬伟 / 摄

部开始向外扩散：向东北到达朝鲜半岛和俄罗斯远东地区；往西到达里海沿岸，但止步于高加索山脉，没有进入欧洲；向南到达印度尼西亚的苏门答腊岛、爪哇岛、巴厘岛等地；向西南则越过缅甸遍布南亚次大陆。

虎的亚种分化有较多争议，一种观点认为只有两个亚种：生活在亚洲大陆上的指名亚种（大陆虎）和生活在印度尼西亚岛屿上的巽他亚种（岛屿虎）。但这个观点并没有被科学界普遍认可，目前更加主流的观点认为现存虎共分为 6 个亚种：东北虎（*P. t. altaica*）、孟加拉虎（*P. t. tigris*）、印支虎（*P. t. corbetti*）、马来虎（*P. t. jacksoni*）、华南虎（*P. t. amoyensis*）、苏门答腊虎（*P. t. sumatiae*）。此外还确定有两个已经灭绝的亚种——巴厘虎（*P. t. balica*）和爪哇虎（*P. t. sondaica*）。而曾经被认为是个独立亚种且已经灭绝的里海虎（*P. t. virgata*，也称高加索虎、新疆虎）可能应该被归入东北虎。

形态

虎的外观是猫科动物里最独特的：黄色至橙色的皮毛上饰有纵向分布的黑色条纹。这种斑纹使得虎很容易隐蔽于高草丛中，以便对猎物发起突袭。通常，生活在南方的虎毛色更深、斑纹也更密集，北方的东北虎则毛色暗淡，条纹也较稀疏。

不同亚种的虎，体型差异较大：最大的雄性东北虎体重可达300千克以上，体长达220厘米；而最小的现存亚种苏门答腊虎体重仅100～140千克，体长177厘米左右。虎的体型总体符合北方寒冷地区的大、南方炎热地区的小的规律，但也并非绝对如此，比如印度的一些孟加拉虎体型也很大。虎的前肢非常强壮，这使得它能迅速制服一些体型庞大的猎物，包括野猪、野牛和大型鹿。

分布与栖息地

虎曾经广泛分布于亚洲各地，今天虎的种群数量从100年前的10万只锐减到4500只左右，其分布区面积也退缩到历史分布区的约7%。现今，虎仅分布于南亚、东南亚、俄罗斯远东地区和中国东北及西南边境地区。其中，孟加拉虎分布于南亚地区，主要见于印度、孟加拉国、尼泊尔、不丹，中国西藏东南部也有极少量分布；曾经广布于俄罗斯西伯利亚地区、中国东北地区和朝鲜半岛的东北虎，今天仅见于俄罗斯远东地区和中国东北东部靠近边境的局部区域；印支虎和马来虎在中南半岛以泰国克拉地峡为界分踞南北，北部的印支虎过去曾从中国云南一直分布到泰国、柬埔寨、老挝、越南等地，如今主要见于泰国，南部的马来虎主要分布于马来西亚；巴厘虎、苏门答腊虎和爪哇虎曾分别称雄于印度尼西亚的三个岛屿——巴厘岛、苏门答腊岛和爪哇岛，如今只有苏门答腊虎代表着岛屿虎最后的荣光。过去生活于中亚、西亚地区的里海虎也已经灭绝，其记录终结于20世纪70年代。中国南方的华南虎也在世纪之交从野外消失。

在中国，虎同样曾广布全国，

◀雪地里行走的雌性东北虎。李冬伟／摄

除台湾和海南外，其他各省区都有虎的分布记录。中国曾有东北虎（含里海虎）、华南虎、孟加拉虎、印支虎共 4 个亚种，是世界上拥有虎亚种最多的国家，其中华南虎更是中国特有亚种。然而今天，只有东北虎还在东北边境的长白山脉维持着稳定的种群，孟加拉虎在西藏东南部的喜马拉雅山脉南坡保留着潜在的希望。

作为一种分布广泛的大型猫科动物，虎能适应不同的生境类型。它们较常见于相对平缓的丘陵地带，一些湿地周边的高草丛和疏林地带也是虎喜欢的环境。虎也能适应大型山脉，但会避开特别陡峭的山峰。虎的体型决定了它会避开特别茂密的丛林地带，一定的开阔度是它捕猎的重要条件。不管在哪里生活，虎都比较喜欢有水的环境。

习性

虎是独居动物，晨昏活动频繁，夜间活动也很多。虎的活动范围很大，有明确的领地意识。每只成年的虎都会逐渐建立起自己的领地，其面积大小与栖息地质量密切相关，其中猎物的密度是关键因素。雌虎的领地面积在 20（印度）~ 450（俄罗斯远东地区）平方千米，雄性东北虎的活动范围则可能超过 1000 平方千米。

虎的捕猎能力很强，能捕杀一些大型猎物，如印度野牛、野水牛、黑熊等，也会捕食赤麂、猴子等小型猎物。虎最喜好的猎物是马鹿、水鹿、野牛和野猪等大型有蹄类，梅花鹿和白斑鹿等中型鹿类也是其重要猎物。虎通常采用伏击策略进行捕猎，它们往往隐蔽追踪、接近猎物，然后迅速出击，咬断猎物颈部脊椎或咬住猎物喉咙令其窒息。虎的食量很大，一次捕猎成功后可以吃下 30 千克的肉。

热带地区的虎全年都可繁殖，东北虎则主要集中于冬季发情。雌虎孕期约为三个半月，每胎产崽 1 ~ 4 只。幼虎随雌虎生活两年后独立生活，3 ~ 5 年性成熟。雌虎通常独自抚育幼虎，但一些研究观察表明，雄虎有时会与领地内的雌虎和幼虎有互动行为，它们具备一定的社会性。在野外，虎的寿命最高可达 15 年左右。

种群现状和保护

近 100 年来，随着人类活动的扩张不断侵占虎的栖息地，以及因其毛皮及医药利用、人兽冲突导致的对虎的大规模猎杀，虎的种群数量急剧下降，爪哇虎、巴厘虎和如今被认为应并入东北虎的里海虎相继灭绝，华南虎也从野外消失，仅存于动物园中。现在，虽然各国都立法禁止对虎的直接猎杀，但栖息地破坏和狩猎活动仍导致虎赖以为生的野牛、马鹿等大型有蹄类种群持续减少，使得虎种群的恢复举步维艰。现存的野生虎总数仅 4500 只左右。其中孟加拉虎是现存数量最多的虎亚种，其数量大约有 3300 只；其次是东北虎，有 600 余只（2018 年数据）；野生印支虎数量约 300 只；马来虎数量约 250 只。

在中国，虎的分布范围已经退缩到东北和西南边境。新疆的里海虎于 20 世纪初便已基本灭绝，广布于中部到东南部的华南虎也已野外灭绝，分布在云南的印支虎已经超过 10 年没有可靠的野外记录，分布在西藏东南部的孟加拉虎目前种群数量不明，只有分布在东北地区的东北虎才真正有复兴的希望。

华南虎作为中国特有的虎亚种，其命运最令人扼腕叹息。历史上，华南虎曾是中国分布最广的虎亚种，从华北南部到整个华中地区，再到华东、华南以及部分西南地区，均有华南虎分布。由于这些地区同样适合人类的农业发展和居住，华南虎也成为与人类矛盾最尖锐的猛兽。20 世纪 50 年代以来，随着经济发展和人口激增，以及人类对自然资源的无序利用，华南虎被作为害兽和经济产品而大肆捕杀，到了 70 年代，野外华南虎的记录已经非常稀少。据不完全统计，湖南省在 1952—1953 年捕杀华南虎 170 只，江西省在 1955—1964 年捕杀华南虎 171 只，福建省在 1955—1964 年捕杀华南虎 334 只，这还仅是见于官方报道的数量。据估算，大约有 3000 只华南虎死于“打虎运动”。1986 年 11 月，一只华南虎在湖南安仁县被猎夹捕获，后因伤势过重死亡。这只虎也成为人类见到的最后一只野生华南虎。1990 年至今，多次开展的华南虎大规模调查均未发现华南虎野外生存的证据。目前仅有 200 多只华南虎生活在圈养条件下，由于它们均为 6 只野外捕捉的虎的后代，因此面临高度近交的压力，很难复兴为一个有希望的健康种群。而它们的原生栖息地也早已被稠密的人口、肥沃的农田和繁忙的城市占据，很难再找到一片能够支撑华南虎种群的连续森林。

2007 年 5 月，北京师范大学的研究人员在云南西双版纳保护区中国—老挝边境地带用红外相机拍摄到一只野生印支虎。2009 年 2 月，就在同一区域，一只印支虎被非法猎杀，此后云南再无可靠的印支虎记录。由于与中国接壤的老挝和越南境内的虎也已经灭绝，而缅甸有虎分布的区域并不与中国接壤，因此印支虎自然扩散进入中国境内的可能性已基本不存在了。

西藏墨脱县在 20 世纪 90 年代频发孟加拉虎袭击家畜的事件。1996 年，一只频繁袭击家畜的虎被批准射杀，此时墨脱格当乡被认为存在孟加拉虎的残存种群。2019年，科研人员在墨脱再次通过红外相机拍摄到孟加拉虎，据此判断藏东南确有孟加拉虎生存。依托于喜马拉雅山脉南坡的优质栖息地，孟加拉虎可能在藏东南—藏南一带还有种群复兴的希望。

历史上，东北虎曾分布于中国东北三省和内蒙古东北部的大部分区域，并进入河北北部。进入20世纪后，东北虎在中国的种群数量不断缩减，至21世纪最初的几年，中国境内的东北虎已经濒临灭绝。而在东北虎最主要的分布区——毗邻东北的广袤的俄罗斯远东地区，东北虎在20世纪30年代也因为盗猎等因素而濒临灭绝，仅剩不到100只。不过，经过几十年的保护管理，俄罗斯的东北虎数量开始回升，今天已经超过600只。这些东北虎也开始向中国境内渗透或扩散，为中国的东北虎种群带来复兴的希望。近年来，随着东北虎豹国家公园的成立，中国就东北虎的监测与保护开展了颇有成效的工作。根据2021年政府公布的数据，中国现存野生东北虎已经达到50只。不同于华南虎已丧失家园，中国东北地区还存在大片潜在的东北虎栖息地，因此在不断加强的东北虎豹保护的背景下，中国的野生东北虎种群预计将呈现不断增长的趋势。

虎是亚洲陆地上顶级的食肉动物，它代表着森林生态系统的完整和健康。虎的生存需要大量猎物和大片的栖息地，对虎的保护意味着对生态环境的全面保护。中国很多地方虽然还存在相当面积的山林，但虎的主要猎物，如梅花鹿、水鹿等大型鹿类非常缺乏，这意味着虎没有希望返回野外。只有对生态环境进行系统性的全面修复，恢复从植物到大型食草动物在内的不同层级的生物群落构成，并且加强对虎的研究和种群恢复，才有可能在未来让虎在中国各地重归故里。

▶ 2007年在云南西双版纳记录到的印支虎。冯利民 / 供图

完达山 1 号——与东北虎意外接触

2021 年 9 月 26 日，吉林省天桥岭林业局辖区内的一台红外相机拍摄到一只东北虎。

它就是“完达山 1 号”，自从 2021 年 4 月 23 日在黑龙江省密山市进入村庄被捕获，到 5 月 18 日在黑龙江省穆棱市被放归，再到如今从黑龙江游荡到吉林准备建立自己的领地，人们对它的出现也由惊恐到适应，由猎奇到理解……

这是一只为 14 亿人所牵挂的老虎的故事。

老虎进村

2021 年 4 月 23 日，黑龙江省密山市白鱼湾镇临湖村，一只东北虎出现在村里，视频瞬间引爆了网络。

老虎快速奔跑，几步便接近了它的目标：一名站立在农田里的妇女。

它纵身一跃，用标准的捕猎姿势扑倒了这名妇女，但并没有进行后续的猎杀行为，而是继续向前跑去。这只东北虎的行为将自己置于险地，却也可能救了自己——它没有成为一只杀人虎。而人们对杀人虎通行的处置办法，不是击毙就是关进动物园，其中前者居多。

当晚 21 时，这只东北虎在村里游荡了近 15 个小时后，被救助队麻醉并捕获。

可是老虎为什么会进村呢？它是谁？它从哪儿来？它要到哪儿去？

这只东北虎体长 2 米左右，体重约 225 千克，年龄 2 ~ 3 岁。这个年龄对野生虎来说跟人类的十七八岁一样，并且从它展现出的体态、活动能力来看，它毫无疑问是一只具备野外生存能力的雄虎。

事发的白鱼湾镇位于兴凯湖的西北角，这里并没有适合虎生存的山林。不过，从这里往东约 100 千米的国境外就是俄罗斯境内最

▶ 东北虎豹国家公园的东北虎。冯利民 / 供图

大的虎种群——锡霍特阿林种群。而向北约 50 千米就是长白山北延支脉——从西南向东北延伸的完达山，这里近年来也不时有老虎出现的报道，其东北端同样挨着锡霍特阿林种群。从白鱼湾镇向南则是兴凯湖西南侧的太平岭、老爷岭，那里过去是东北虎的栖息地，现在也偶有老虎出现的报道。老爷岭南部就是东北虎豹国家公园，与白鱼湾镇的直线距离约为 200 千米。综合来看，这只虎的种源应为锡霍特阿林种群。事实上，近年来随着保护力度的加强，该种群的数量持续增长，其在俄罗斯境内的栖息地趋于饱和，不少个体试图向中国境内扩散，完达山一线日益频繁的东北虎报道或许都与此有关。因此，这只虎极有可能是一只进入中国不久并试图拥有“中国国籍”的野生东北虎。

作为一只年轻雄虎，它与自己的许多前辈一样，离开出生地开始寻找新的栖息地，以建立自己的领地。虎的领地范围很大，俄罗斯的雌性东北虎家域为 224 ~ 414 平方千米，雄虎则为 800 ~ 1000 平方千米。而黑龙江东部已经很少有这样大面积的连续栖息地，这只长途跋涉的东北虎发现，在它的栖息地里、在它扩散的道路上，到处都有村庄，避无可避。或许在此之前它已经悄悄跨越了很多道路、桥梁、村落，只是并没有被人类发现；可能是村里的狗、猪等家畜吸引了它；或许它只是在夜间来到了村子附近，然后在白天找了个隐蔽的地方休息，打算等到晚上在夜色的掩护下离开，继续它的扩散探索之旅，直到最终找到自己理想的家园。然而它被发现了，后来又被捉住了，这才引发了一场全民对于虎的关注与思考。

何去何从

在老虎被抓住，并确认其身体状况后，“是否放虎归山”成了大家热议的话题：有人认为这只虎不怕人，放归后会养成袭击人的习惯；也有人觉得应当关着它，给圈养的东北虎“留种”；还有人担心它眼睛受伤不能自理……

有人说，把救助来的虎放归山林后患无穷，因为“会伤人的老虎不怕人，放归之后还会再伤人”。然而，这只进村的虎真的不怕人吗？事实并非如此。其实它很害怕，但它不会蜷缩成一团、瑟瑟发抖或者情绪失控地逃窜，而会尝试躲避、离开，比如紧张地蜷缩于废弃屋后的草丛里，不安地在暴露的田间行走，左顾右盼后压低身体小跑穿过道路，愤怒地扑向追踪的汽车或暴露的人类后立刻离开，等等，这一切都表明这只进村的东北虎其实跟我们一样，对这次意外遭遇十分恐慌。即便是在被麻醉枪击中后，它也没有出现任何在未经干扰的情况下主动攻击人的行为，且它在攻击时也并未有意识地杀死被攻击者，整个过程更像是一种对骚扰的驱离。

此外，没有任何科学依据证明“伤人的老虎放归之后还会再伤人”。一方面，虎的猎物不是人，只是虎的家域太大，很难不遇到人类。绝大多数情况下，虎会提防并避免遭遇人类，即便是在虎密度很高的印度（印度一些地区的虎种群密度可达每 100 平方千米 8.5 ~ 16.8 只），虎致人伤亡的事件也相当罕见。另一方面，纵然扣留了这只虎，也无法保证不会再有其他虎出现在村庄内。相反，为虎戴上卫星跟踪项圈后放归并对其行踪进行监控，可以令研究者和决策者们了解虎的习性和生存状况，并在其接近人类聚居区前采取疏散或驱离等措施，防患于未然。

那“留种”可行吗？不少人认为，野生动物在野外的生存条件都很恶劣，而野生虎进入虎园“被包养”起来，不但衣食无忧，还能改善圈养虎的基因……然而，对虎这种家域广阔的独居动物来说，圈养永远无法满足其本性的需求，而中国圈养虎的总数已经超过野生虎，这只野生东北虎的加入对圈养种群并没有太大的意义。相应地，根据2021年国家林业和草原局与东北虎豹国家公园发布的数据，中国野生东北虎的数量仅50只左右——也就刚够学校一个班级的人数，所以一只野生雄性东北虎在野外对种群的贡献远比它在虎园中大得多。

在捕获老虎之后的影像中，大家还发现这只虎的一只眼睛有充血的问题，尽管官方消息表示它的眼睛已在第二天恢复，但仍有不少人担心它的眼睛没好，或是四肢在冲突中受伤，放归野外后生存能力堪忧……其实，野生动物的生命力比我们想象的更加坚韧，就算它的眼睛没有完全恢复也不影响它回归野外。在野外，即便身有残疾，猫科动物大多也可以正常进行捕猎，红外相机也曾拍摄到瞎眼的豹，断肢的雪豹、虎等特殊个体。

比如2012年2月，在俄罗斯远东地区滨海边疆区，有人发现一只4个月大的雌性东北虎幼崽，当时它正处于极度饥饿和昏迷状态中，并伴有冻伤，它的母亲很可能已经被偷猎者杀害。由于冻伤，救助人员为其切除了坏死的1/3的尾巴。15个月后的2013年5月，这只东北虎被放归野外，不久就适应了野外环境，后来还产下了小老虎。

再如2017年1月，一只雄性东北虎幼崽因面部中枪被送往俄罗斯犹太自治州的救助中心。兽医专家为其重建了鼻子和上颌周围的骨骼结构，并完成了眼部手术。2018年5月，它被放归野外。这只雄性东北虎仅放归三天就猎杀了它的第一个猎物，成功建立了自己的领地。

那么，面对野生动物，什么样的救助态度才是正确的？曾经救助过闯入民居的雪豹的西宁野生动物园副园长（微博名为“圆掌”）对此有个生动的比喻：“一个人到医院看了次感冒就赖在住院部不走了是不合理的；同样，人家到医院来检查感冒，医院直接给人扣下来按到住院部不让走，那更是没道理的。”

野生动物救护的完美结局，必然是成功放归野外，这只虎也一样。

放虎归山

2021 年 5 月 18 日早 8 时，黑龙江穆棱，“完达山 1 号”即将放归。

在笼门被打开后，这只戴着项圈的雄性东北虎先是小心翼翼地向门外嗅闻观察了约 20 秒，接着向前迈出了右掌，缓缓走出笼子。离开笼子后，它蹲坐着向笼子的方向又探视了一会儿，随之迅速掉转方向，快步离开笼子，走向森林深处……

这是中国首次成功救护并放归野生东北虎。面对这只意外闯入人类村庄的东北虎，在慌乱和争议中，我们最终用目前最可行的方式，做出了当前最好的处理——这似乎代表着中国在野生虎保护方面又迈出了前进的一步。

然而放归只是个开始，“完达山 1 号”后续的生活状况、再次进入人类聚居区的紧急预案等，都需要相关人员持续监测并承担风险和责任。得益于卫星跟踪项圈，我们知道“完达山 1 号”很快进入东北虎豹国家公园，并长期在国家公园附近来回游荡：2021 年 5 月 25 日，它进入东北虎豹国家公园内的吉林天桥岭林区；8 月 12 日，它出现在天桥岭林区和黑龙江林区交界处；9 月 26 日，天桥岭林区向阳林场的红外相机拍摄到它的视频；10 月 29 日，它进入天桥岭林区上河林场；11 月 27 日，它在黑龙江省牡丹江市东北岔林区被拍到；12 月 16 日，它在天桥岭林区响水林场被拍到；12 月 27 日，它被黑龙江东京城林业局拍到……每当它出现时，相关部门就会向林区群众及时发布预警信息，巡护考察小组则会根据跟踪轨迹实地勘查，评估其野外生存情况和健康状况。

“完达山 1 号”的进村似乎也预示了虎无法避免与人类相遇的未来，这绝不会是野生东北虎最后一次接近人类。那么下一次，我们是否可以更合理、更科学地面对这种“邂逅”？

理想的情况可能是，当早上发现一只老虎躲在屋后的角落里睡觉时，我们可以：

1. 迅速地通知村民闭户，保证自身安全；

2. 通知专业处置团队到达现场，在安全距离外用望远镜或其他设备观察和评估老虎：用长焦相机拍摄和识别老虎个体，通过影像来判断其健康状态，评估其是否需要救助；

3. 若老虎伤病、情绪不稳定，则迅速救助；

4. 若老虎本身并无问题，则通过科学的驱赶方式将其驱离村庄，或者静待并监控其动向，直至它自行离开——毕竟一只野生虎并不会一直住在村里。

对人类而言，虎不是猎物，而是土地和猎物的竞争者，也是野外活动时的敌人；而对虎而言，虽然它拥有杀死人类的能力，但人类也并非它的猎物。在人虎相争的漫长岁月里，虎学会了将人类视为天敌。作为一种非常警惕、善于隐蔽的猫科动物，虽然虎是自然界的顶级物种，但一只正常、健康的虎会本能地躲避人类，避免与人类起冲突。然而虎所需的家域是如此广大，人类的脚步又如此深入地球的每一个角落，它终究无法避免与人类相遇。今天的虎面对人类已经成为需要保护的对象，它们在野外的数量如今只剩下 4500 多只——不到中国三线城市里一个大商场周末的人流量，与中国庞大的 14 亿人口相比更是沧海一粟。但老虎保护并不意味着仅仅去保护森林里的老虎，与它们为邻的人类的安全同样需要得到保障。面对无可避免的人虎相遇，希望有一天，我们能形成更完善的人虎冲突应急处理机制，走向人虎和谐共处的未来。

▲戴着项圈的“完达山 1 号”。图片来源：互联网

华南虎之殇

1905 年，五只虎的头骨从中国汉口被辗转送到德国。28 岁的德国动物分类学者贺泽麦（Max Hilzheimer）据此定名了一个虎亚种：华南虎。自 1758 年林奈把虎放入双名法的生命之树以来，华南虎是继孟加拉虎（1758 年）、里海虎（1815 年）、东北虎（1844 年）和爪哇虎（1844 年）后被定名的第五个虎亚种。

此时，华南虎的数量可能在 4000 只以上。

此后的 100 来年中，研究者又分出了 4 个亚种：巴厘虎（1912 年）、苏门答腊虎（1929 年）、印支虎（1968 年）和马来虎（2004 年）。

今天，9 个虎亚种中已有 3 个宣告灭绝：巴厘虎（1937 年）、里海虎（1981 年）、爪哇虎（1988 年）。

而华南虎，被认为野外灭绝，仅剩圈养种群。

▲华南虎头部特写。宋大昭 / 摄

华南虎的身世

在被贺泽麦定名前的上千年里，华南虎早已融入中国文化中：跟龙、凤一样，虎是天命的象征；而与龙、凤不同，虎是真实存在的。

华南虎曾经是中国境内分布最广泛的一个虎亚种。其分布区北到秦岭、黄河，南至云南、广西、广东，纵贯 1500 千米；东到浙江、江西，西抵贵州、四川，横跨 2000 千米。

虽然作为一个物种，虎已经有 200 万 ~ 300 万年的历史，但遗传学研究表明，古代虎种群很可能在更新世反复的气候波动周期中，经历过长时间的瓶颈效应，现代虎的共同祖先回溯不到 10 万年。最近一次虎的扩散很可能开始于东南亚或中国南方地区，从此，虎逐渐成为亚洲大陆占据捕猎优势的大型猫科动物。

1967 年，基于在印度坎哈国家公园（Kanha-Kisli National Park）的研究，乔治·夏勒出版了《鹿与虎：印度野生动物研究》（*The Deer and the Tiger: A Study of Wildlife in India*）一书。通过严谨的观察，夏勒证明虎的生存需要鹿类等大型有蹄类动物。而在中国东南部的江西、福建、湖南、广东、安徽、浙江等省区，辽阔的丘陵山地中就曾经广泛分布着水鹿、梅花鹿等大型鹿类，它们和野猪一起成为华南虎的主要猎物。

与大多数人所想象的不同，华南虎并非深居深山的大猫，它们更加偏好水源丰富的缓山丘陵地带，这些地方也能够滋养更多的大型鹿类。在江西宜黄的农村，上年纪的农户至今仍然记得，当年去地里时要先敲锣打鼓，把在水稻田附近的虎惊走，才敢下地干活。

像其他地方的虎一样，华南虎需要大片的栖息地建立领地，并获取足够的猎物供自己生存。关于华南虎的野外生活史我们所知甚少，而且再也没有机会去了解，只能推测其习性或许与印支虎、孟加拉虎等亚种接近：一只雄虎的领地可能会覆盖一只或多只雌虎的家域，它们可能全年都可以繁殖，一胎可生下 1 ~ 4 只幼崽。

华南虎的消亡史

中华人民共和国成立以后，华南虎开始面临最大的生存危机：栖息地丧失。

截至 1953 年春，除部分民族地区外，中国大陆地区普遍实行了土地改革。为解决温饱，人们对野岭荒地、深山老林进行大规模开垦。随着耕地的增加，野生动物的生存空间被不断压缩。

人虎冲突开始加剧。

由于生活在人口密集的华南地区，华南虎成为家畜乃至人身安全的重大威胁，因此被列为“害兽”而遭到大肆猎杀，而虎皮和虎骨的商业价值则在很大程度上加剧了猎虎行动。据不完全统计，湖南各地陆续成立猎虎队 1000 多支，10 年间猎杀华南虎 647 只。

1973 年，中国第一次环境保护会议在北京召开，不过，华南虎的问题依然没有得到重视。在华南虎数量急剧减少的情况下，当时的农林部仍然允许每年限额猎捕华南虎。

1975 年，《濒危野生动植物种国际贸易公约》（CITES）正式生效。虎被列入附录 I，意味着该物种禁止用于商业性国际贸易。5 年后（1980 年），中国加入该公约，次年，公约正式对中国生效。而早在 1977 年，当时的农林部就已经颁发文件，把东北虎、华南虎和孟加拉虎列为保护动物。3 年后，也就是加入 CITES 的同年，中国林业部明文禁止猎杀华南虎。然而此时，中国野外的华南虎已经所剩无几了。

1979 年 12 月，动物学家及科学作家谭邦杰出版了中国第一部关于虎的专著——《虎》。他在书中写道：“且不说华南虎分布地点零散，与居民点接触较多，利害矛盾更大一些，就是东北虎，也未必控制得那么有效。70 年代中期，违反规定私自盗猎的事件仍有所闻，而林业部门与收购部门之间的矛盾也未彻底解决。”

1986 年 11 月 6 日，湖南省安仁县一只华南虎幼崽被猎夹捕获，因伤势过重，于 15 天后死亡。这可能是人类关于野生华南虎的最后一次可靠记录。

在1987年的世界自然保护联盟（IUCN）猫科专刊*Cat News*（由IUCN猫科动物专家每隔半年更新的时事简讯）上，谭邦杰总结了华南虎的情况：

1. 野外还有华南虎；

2. 种群数量非常少，几乎所有记录都是偶尔看到的单只个体；

3. 出现的范围非常大，涉及广东、湖南、福建、江西、湖北、河南6省；

4. 没看到成对的虎，但报道过两次带崽的雌虎、几次虎幼崽和亚成年虎，说明可能还有野外繁殖；

5. 尽管已经是国家一级重点保护动物，但深山里的打猎行为依然严重。

从1990年开始，中国国家林业局与世界自然基金会（WWF）合作，在广东、湖南和福建开展华南虎现状调查。1990—1991年冬季，调查组发现了一些华南虎的痕迹，但没有发现活体。

1998年，国家林业局组织了第二次全国华南虎调查，收集到不少信息，包括目击、咆哮、脚印、抓痕、毛发、猎物骨架或残骸等，但没有发现可靠的证据。

2000—2001年，中国与美国合作开展了第三次大尺度华南虎调查。调查组大范围走访了华南虎的历史分布区，也在几个重点区域开展了深入调查。2003年，参与调查的黄祥云在他的硕士论文《华南虎的生存现状及保护生物学研究》中写道："华南虎栖息地内大型有蹄类动物数量少，人类活动强度大，栖息地生境破碎化严重，总体上所调查的保护区的华南虎生存条件严重恶化……伴随着人类文明的发展进步，重点是各历史时期生产方式的变革，导致了森林资源的减少，迫使华南虎逐步从平原向山区，从前山带向中高山区，以致近代残存于山脊的变迁过程。"2004年，参与这次调查的美国专家提尔森发表文章《野生华南虎数量急剧下降：虎保护优先区的实地调查》（"Dramatic decline of wild South China tigers: field survey of priority tiger reserves"），介绍了这次调查的情况：调查组在8个保护区持续开展了8个月的野外调查，并首次使用红外触发相机（合计 400 个相机工作日），但没有发现任何虎存在的证据；在 5 个保护区发现有野猪、鬣羚、小麂、毛冠鹿和水鹿等虎的猎物，但密度非常低；调查组还检验了数十份目击、脚印和粪便的报告，没有一份确认是虎；保护区的森林面积平均不到 100 平方千米，不足以支撑虎种群的生存。他认为，华南虎已经在野外消失了。

2013 年，受宜黄县林业局邀请，猫盟前往宜黄进行华南虎调查，所有人都抱着最后一线希望，想找到华南虎还在野外生存的证据。就在 1999 年，当地还发生了村民袁洪华晚上在山里被“老虎袭击”致死的事件，虽然没有可靠证据，但附近的村民均肯定是虎所为。2013 年 4—10 月，猫盟在当地的华南虎保护区中布设了 37 台红外相机，合计完成了 6660 个相机工作日的监测，调查的部分区域与 2000—2001 年的华南虎调查重合。然而此次调查没有发现任何野生猫科动物，当地历史上有分布的华南虎、豹、云豹、金猫和豹猫均没有拍到。虽然虎的猎物水鹿、鬣羚和野猪等有蹄类动物均有所记录，但其主要猎物水鹿被拍摄的次数非常少，猎物数量并不能满足虎的生存需求。

▲眼神忧郁的圈养华南虎，似乎预见了这个亚种令人担忧的未来。宋大昭 / 摄

1996 年，IUCN 猫科动物专家组汇总了世界虎种群估计。中国虎的数字是：孟加拉虎，30 ~ 35 只；东北虎，12 ~ 20 只；华南虎，20 ~ 30 只；印支虎，30 ~ 40 只。然而，*Cat News* 主编杰克逊点评说："华南虎实际上已经野外灭绝了。"

华南虎的保护

1980 年，谭邦杰提出虎的在地保护思路：在小兴安岭建立一两个东北虎保护区；在湘西、闽北、赣南、粤北、鄂西、贵州等地，找几处理想地点建立华南虎保护区；在西双版纳和藏南地区，建立孟加拉虎保护区。

1984 年，谭邦杰在《大自然》上撰文总结华南虎的状况。他在文章中粗略估计华南虎只剩下三四十只，分布范围从 320 万平方千米急剧缩减到 20 万平方千米。"华南虎濒危，危如累卵！"他呼吁制定华南虎保护法令，建立华南虎保护区和禁猎区，在动物园建立华南虎的繁殖种群。谭邦杰的华南虎保护主张可总结为两个方面：野外保护和圈养保种。

1990 年，中国开始对华南虎进行野外保护，并在华南虎的历史分布区相继建立广东粤北、江西宜黄、浙江凤阳山－百山祖以及罗霄山等自然保护区。然而，野外华南虎调查记录的缺乏使得所有的华南虎野外保护成了无根之水。但如果要恢复华南虎的野外种群，栖息地保护是无论如何都无法回避的问题。

2005 年初，中国国家林业局再次邀请提尔森来探讨未来重引入华南虎的可能性。提尔森总结了华南虎野外种群恢复的最低目标：至少有 3 个种群，每个种群至少有 15 ~ 20 只个体，每个种群至少有 1000 平方千米的天然栖息地。于是，他们在 2006 年又对华南虎潜在恢复区开展了一次考察，以评估现有的保护区是否能支持野生虎种群。2015 年，提尔森发表了这次评估工作的成果，文章里说：壶瓶山－后河片区是整个华南虎历史分布区中面积最大的现有保护区群，然而，以该区域目前的栖息地和猎物状况，最多能支持 2 ~ 9

只虎的生存，因此，如果要重引入华南虎，需要开展更多的恢复栖息地和猎物、缓解人兽冲突等方面的工作。

人们总以为，只要把虎放到非洲或国内其他地方做野化训练，就能恢复华南虎野外种群，但人们却容易忘记最基本的原则——乔治·夏勒在 1967 年论证过的原则：只有当华南的山林里水鹿遍地，华南虎才可能重归荒野。

2010 年，国家林业局发文，将湖北宜昌五峰后河、江西资溪马头山和湖南常德石门壶瓶山三处自然保护区作为华南虎放归自然试验区，并提出将福建梅花山华南虎繁育基地扩建为华南虎野化训练及种群复壮基地。但时至今日，华南虎野外栖息地的建设还没有实质性的进展。

比起野外保护，圈养华南虎的工作则更有成效。在谭邦杰的不断努力下，国际动物保护界自 20 世纪 90 年代开始支持中国圈养虎种群的研究和保护。

1994 年，中国动物园协会启动华南虎项目，邀请国际小组评估广州、重庆、上海、苏州等地动物园的华南虎。当时，国际虎谱系簿记载有 36 只华南虎活体，均在中国动物园。国际小组跟动物园工作人员一起检验了每只虎的身世，更新谱系簿，最终确认了 264 只虎的血统。科学家第一次能够进行完整的华南虎圈养种群分析。

1995 年， IUCN 保护繁育专家组和明尼苏达动物园专家检查了圈养华南虎的健康和繁殖情况。工作组分析了 11 只雄虎的精液：有的没有精子，有的精子很少，有的精子没有活性，只有 4 只雄虎的精子浓度正常。

基于种群和基因分析，中国动物园协会设定了 5 年和 10 年工作目标，即保存目前圈养种群 90% 的基因多样性（当时已经丧失了 22%），进而制订了华南虎管理计划：建议加强机构间合作，有效管理圈养种群，而不是建立一个集中的繁育中心；识别少数健康的圈养个体，作为恢复野外种群的唯一来源。

自 1995 年起，中国动物园协会华南虎保护协调委员会每年定期评估圈养种群的状况，提出合作繁育计划，分享管理经验和基因研究结果。在全球的虎分布国中，中国是唯一执行并持续改善圈养虎种群管理计划的国家。

然而，一些事件在某种程度上打乱了中国圈养华南虎种群复壮—野外放归的步调。

2000 年左右，“爱虎女士”全莉成立了拯救中国虎基金会，主张将中国的圈养华南虎运往南非进行野化训练，然后送回中国放归野外。这个计划遭到了国内外大量专业机构的反对。2003 年，*Cat News* 两次刊登了专家组的意见：重引入应当在华南虎的历史分布区中进行；而华南虎历史分布区猎物严重不足，当务之急是在大面积区域内恢复猎物；华南虎圈养种群已经丧失大量基因多样性，移除任何可繁殖个体都将严重损害现有的基因多样性。

然而，2002 年 11 月，全莉的基金会还是牵头启动了拯救中国虎项目。随后，先后有 5 只华南虎被送往南非“老虎谷”，迄今已经繁殖出 20 多只华南虎。但随着全莉与其丈夫离婚，拯救中国虎基金会名存实亡，这些华南虎出于某些未公开的原因始终无法返回中国。这使得华南虎的南非“留学”活动成了一场彻头彻尾的闹剧，且对

▲动物园中的华南虎，如今，这些圈养虎承担着华南虎复兴的希望。宋大昭 / 摄

中国国内圈养种群造成了巨大损失。

此外，由于传统中药的使用，中国曾兴建起一些以虎制品牟利的虎饲养场。随着华南虎被正式列为国家一级重点保护动物，以及虎骨贸易的禁止、虎骨从《中国药典》中删除，中国境内虎制品的消费得到了卓有成效的遏制，许多有商业目的的虎饲养场就此刹车，但这些饲养场中大量的人工饲养虎该如何处理，至今依然是个遗留问题。

尽管相对于野外保护的“巧妇难为无米之炊”，圈养华南虎的工作似乎在稳步开展，然而，圈养华南虎始终面临着一些发展的问题：所有的圈养华南虎都是 6 只 1958—1970 年抓捕的华南虎的后代，且当时没有建立起好的谱系管理。这些圈养虎配对不当，存在高度近亲繁殖的情况，几乎无法指望这些衰退的虎重返野外，也没有任何一只圈养基地的虎表现出建立领地、在纯野外环境中寻找和捕捉猎物、躲避人类，以及繁殖等野外生存技能。即便野外栖息地有了保障，又如何让圈养虎有能力重归野外呢？

提尔森提出了另外一种可能：让华南虎与其他亚种杂交。2019 年，成都大熊猫繁育研究基地的张志和与北京大学的罗述金团队共同完成了对圈养华南虎种群遗传起源和多样性的全面分析。研究表明，目前华南虎圈养种群存在 3 种线粒体单倍型，包括以虎线粒体 DNA 演化树上位于基部的独特单倍型为主的“重庆系”，以其他印支虎也携带的线粒体单倍型为主的“苏州系”，以及含东北虎单倍型的一些个体。此次分析确定，东北虎的基因渗透为繁育管理失误所致，而在排除人为因素之后，华南虎圈养种群仍显示出与印支虎较近的遗传关系。由于历史上华南虎的分布范围非常广泛，覆盖多种生境，要想最终厘清华南虎与印支虎的演化关系并解析华南虎的遗传起源，还有赖于对不同来源的野生华南虎历史标本的基因组层面的分析。研究建议，在现有圈养种群的基础上，应摒除东北虎的影响，保留“苏州系”和“重庆系”，关注个体的健康状况，尽可能避免近交衰退，提升遗传多样性，以维系华南虎种群存续的最后希望。因此，过于强调“纯种”华南虎对恢复中国野生华南虎种群可能并无太大意义，将健康的印支虎基因引入圈养华南虎，诞生更多健康的、能够学习野外生存技能的后代，并让它们重归华南野外，行使其生态功能，才是保护华南虎的意义所在。

华南虎的未来

2003年，谭邦杰去世，享年88岁。20世纪50年代初，“打虎运动”刚刚兴起时，他就建议保护华南虎。80年代初，他再次为华南虎大声疾呼，在古稀之龄奔走于国内外，以“Tiger Tan”（老虎谭）闻名。某种程度上，他是华南虎保护的先知和先驱。然而，他还是目睹了华南虎走向野外灭绝的过程。

未来，华南虎能否重归山林，则取决于谭邦杰当年所呼吁的两个保护重点能否实现：重建华南虎栖息地，以及复壮和成功野化圈养华南虎种群。

▲向着镜头走来的圈养华南虎，它们未来又将走向何方？宋大昭 / 摄

莲花秘境墨脱的孟加拉虎

2019 年 8 月 6 日，中国科学院昆明动物研究所公布了一个激动人心的消息：他们布设在墨脱的红外相机捕捉到孟加拉虎活动的影像。这是中国第一次获得野生孟加拉虎的活体影像记录，也是在华南虎从野外消失、印支虎多年未有记录之后，中国在东北虎之外发现的虎的新希望。

墨脱——雅鲁藏布江大拐弯中隐藏的莲花圣地

墨脱县坐落于西藏林芝市的东南角，地处雅鲁藏布江下游，东喜马拉雅山脉南坡。这里四面环山，东面、西面、北面被东喜马拉雅山脉和岗日嘎布山脉环绕，南面依靠着米什米山。雅鲁藏布江、帕龙藏布、金珠曲等数十条水系将高山分割切蚀，形成千沟万壑的地表景观。复杂的地形地貌和频发的地震、泥石流等地质灾害，使

▲墨脱远景。王渊 / 摄

◀仁钦崩寺。王渊 / 摄

得这里成为与世隔绝的秘境。直至 2013 年底，墨脱才正式与外界通车，是中国最后一个通公路的县城。

“墨脱”一词在藏文中是“花”的意思，在藏传佛教经典中也称“博隅白玛岗”，意为“隐秘的莲花圣地”。相传 8 世纪时，莲花生大师应吐蕃赞普赤松德赞之请入藏传法，他漫游西藏，遍访仙山圣地，到了墨脱后，发现这里中部峡谷低凹、四周群山耸立，像一朵盛开的莲花，呈现圣地之象，遂在此修行弘法，并为此地取名“白玛岗”。至今，墨脱的仁钦崩寺附近仍保存着许多古迹，相传为莲花生大师的遗迹，如印有莲花生大师手印的圣石、莲花生大师的帽子白玛同椎等等。

墨脱地形复杂多变，从北部海拔 7782 米的南迦巴瓦峰到南部海拔 155 米的中国“雨都”巴昔卡，短短距离之内海拔跨度超过 7000 米。山脚的热带雨林郁郁葱葱，山顶的皑皑白雪终年不化，形成中国最完整的山地垂直气候带谱。雅鲁藏布江在山峰夹峙中奔腾而下，切割出世界上最深的峡谷——雅鲁藏布大峡谷。来自印度洋的暖湿气流沿雅鲁藏布大峡谷而上，形成丰沛的降水，使得这里年降水量超过 2000 毫米，南部的巴昔卡年降水量甚至超过 4000 毫米。优越的水热条件和复杂多样的生境，使这里的生物多样性在全球都名列前茅。2000 年，墨脱所在的东喜马拉雅地区被列为全球第一批 25 个生物多

◀红外相机的布设。王渊/摄

样性热点地区之一。但同时，与世隔绝的环境也让这里长期以来缺乏系统全面的动植物本底资源调查，一切都显得神秘莫测。

幸运的是，随着科学技术的快速发展，动植物的宏观调查方法也迎来了一次大变革。红外相机陷阱技术在动物调查中的普及，捕捉到许多以前难以见到的动物自由活动的身影，莲花秘境的神秘面纱也被逐步揭开。

逐渐消逝的墨脱孟加拉虎

1963 年，沈孝宙先生首次报道了孟加拉虎在中国西藏东南部的分布，其后当地时有孟加拉虎捕食家畜或被人捕获、猎杀的记录。20 世纪 90 年代末，一批批研究者陆续来到墨脱，评估这里孟加拉虎的生存现状。研究表明，20 世纪 60—90 年代，国内孟加拉虎活动区域包括西藏林芝市林芝县（现巴宜区）、米林县、墨脱县、察隅县、波密县，山南市错那县和隆子县及周边部分区域，其中喜马拉雅山脉南坡的墨脱县和察隅县为孟加拉虎在中国境内的主要分布区。

1996 年，国家林业局发布权威数据，估计墨脱县有 11 只孟加拉虎。2002 年，张恩迪、乔治 · 夏勒和吕植等学者的研究表明，墨脱县格当乡境内有 4 ~ 5 只虎，而整个墨脱县估计有不到 15 只虎。1997 年和 1999 年都有人观察到孟加拉虎带幼崽闲逛，表明这里的孟加拉虎种群是能够正常繁殖的。

综合相关资料，可以证明在 20 世纪 90 年代，中国东喜马拉雅区域存在不少于 20 只孟加拉虎。然而，此时墨脱不断加剧的人虎冲突已经预示着孟加拉虎的困境——这种隐秘的大猫开始捕食家畜，表明它们在野外的猎物如野猪、羚牛和鹿类等数量不断下降，不足以支撑虎种群的需求。

进入 21 世纪以来的 20 多年里，孟加拉虎留下的记录多为当地人偶见的脚印和传说中的人虎相遇，20 世纪 90 年代频繁出现的孟加拉虎捕食家畜事件的报道已极为稀少，这表明这种大猫的确还生存在这里，但已是“荒野余烬”。2013 年底，墨脱县与外界通车，然而保护政策和理念的推行并未及时跟上，多年未受外界打扰的莲花秘境骤然迎来了开发的浪潮，在经济快速发展的同时，人口数量的增长和人类活动范围的扩张，以及必要的基础设施建设，加剧了墨脱的虎栖息地破碎化，这些原本土生土长的以藏南森林为家的顶级大猫逐渐消失在人们的视野里。2019 年，王渊、刘务林等学者发表的论文称，

▶ 印度的孟加拉虎。
林毅 / 摄

综合 2013—2018 年的红外相机监测、足迹鉴定及信息收集结果，推测墨脱境内已经没有孟加拉虎繁殖种群，当地仅存 1 ~ 3 只游荡的孟加拉虎个体，通常在旱季（10 月至翌年 3 月）追随猎物来到墨脱活动。这无疑表明这片国内唯一拥有孟加拉虎栖息地的秘境也未能逃脱人的影响，国内的野生孟加拉虎种群，正在悄然远去……

2018 年 10—11 月，中国科学院昆明动物研究所的李学友带领研究团队在墨脱县境内开展哺乳动物调查研究，沿海拔 1000 ~ 3400 米梯度安放了 48 台红外相机。2019 年 8 月，喜讯传来，背崩乡附近的两个红外相机点位 3 次拍摄到了孟加拉虎。也许，它们来自游荡至此的米什米山南侧丹巴河谷的孟加拉虎种群；或者，它们可能与 20 世纪 90 年代墨脱县格当乡的孟加拉虎繁殖种群有着千丝万缕的联系。但无论如何，这证明墨脱还存在孟加拉虎。

拥有孟加拉虎栖息地和繁殖种群的美好时代已成过去，但“星星之火，可以燎原”，在当前公众生物保护意识逐渐加强，全国生态文明建设稳步推进的前提下，我们可以期待未来墨脱孟加拉虎的种群数量会逐步回升……

▲ 孟加拉虎脚印。王渊 / 摄

▲遭孟加拉虎袭击的家牛。王渊 / 摄

以古鉴今，展望未来

从 20 世纪 90 年代的繁殖种群，到 2019 年的游荡个体，在中国东喜马拉雅地区的孟加拉虎走向式微的背后，其实不乏保护措施：早在 1985 年，墨脱就已建立自然保护区，并于 1996 年升级为国家级自然保护区，2000 年扩建为雅鲁藏布大峡谷国家级自然保护区。然而这一切都未能阻止这种神秘大猫逐渐消失在人们的视野里，背后的原因值得深思。

基于多重压力因素对孟加拉虎数量以及栖息地变化的影响的分析显示，孟加拉虎面临的生存压力包括气候因素和人为因素两大类，二者以非常复杂而又巧妙组合的方式对物种发挥作用，从而不同程度地增强或减少各自对孟加拉虎数量和栖息地的影响。显然，在短期（30 年）内，人为因素方面的压力主导着孟加拉虎的生存和命运，中国孟加拉虎的保护面临多方面的压力，人们不得不在维持当地发展和保护孟加拉虎中加以取舍。

已成为共识的是，栖息地的丧失是导致孟加拉虎数量减少的主要原因之一。由于人类生活生产的扩张，当前东喜马拉雅区域能被开发利用的河谷平地多数已被人类占用。而这里垂直分布的山地植被以及被河流水系切割的地表，意味着河谷平地很可能是连接两个栖息地斑块最主要的通道，其重要性不言而喻。河谷平地的开发使这里的栖息地不可避免地走向破碎化，对虎这种需要大面积领地的顶级食肉动物而言，破碎化的栖息地已经不再是适宜的家园。

基于中国孟加拉虎种群 30 年来的变化趋势以及对当地日益严重的栖息地破碎化的分析，为了中国孟加拉虎的未来，保护工作者提出了进一步建议：

1. 国家公园的筹划与建立。建立符合实际的东喜马拉雅区域国家公园。

2. 加强对原始森林的保护。对占用原始森林资源的建设和开发项目应严格把关，将建设项目对原始森林资源的破坏降至最低，同时加强栖息地走廊的恢复和管理。中国东喜马拉雅地区的森林目前基本保持着景观上的连续性，但还需进一步加强河谷地带的栖息地保护，恢复和扩大有蹄类等食草动物种群，为孟加拉虎未来从墨脱向雅鲁藏布江以北的其他适宜区域扩散创造条件。

3. 杜绝偷猎行为。偷猎和非法贸易，使得孟加拉虎种群在整个喜马拉雅山区都处于危险之中。同时，对作为野生虎猎物基础的大中型有蹄类动物的偷猎，则导致虎缺乏食物，这也是孟加拉虎面临的主要生存压力之一。经过多年的宣传和建设，当地多数居民已开始注重对野生动植物的保护，打猎已经不再是当地居民的生计来源之一，但调查发现，当地仍时有偷猎现象。因此，应该加大野生动物保护宣传，并对偷猎行为和实施人依法依规严肃处理。

4. 积极开展社区保育工作。经历过虎害的受访者常常对虎持有负面态度，而对虎持积极态度的受访者往往赞成在本区域利用非干预性策略来调查和研究虎。通过改善畜牧管理，增强当地青年对野生动物的再认识，都可以进一步增强人们对虎的普遍积极态度。因此，在保护规划中应当考虑开展社区野生动物常识再教育，以缓和人类与野生动物的矛盾。

5. 加强合作研究和技术交流。孟加拉虎在中国东喜马拉雅山脉的分布区部分位于边境地区。因此，靠中国单方面的努力不足以保护这个种群，必须加强多方的国际合作，达成一致的保护目标，共同采取有力的保护措施，才能避免野生孟加拉虎的区域灭绝。

随着人类社会的高速发展，野生动植物的生存环境被极度压缩，很难想象有多少未知物种在人们尚未认识或者尚未完全了解之前就已经消失在变幻莫测的时空长河中。21 世纪以来，全球野生虎种群数量均经历了大幅度下降，中国虎的消失速度更是如同天空中划过的流星，等人们清晰地认识到其重要性时，留给我们的已经是尾焰带来的狂欢。但至少，相对于已经从野外消失的华南虎，孟加拉虎仍在藏东南的丛林中潜伏着。在墨脱这个莲花秘境，我们希望能够抓住最后的余烬，使其发展壮大，努力实现另一种未来，一种虎啸长林、人与自然和谐共生的未来。

◀ 雅鲁藏布江与金珠曲汇流处。王渊 / 摄

▶ 墨脱樫木。王渊 / 摄

在地球的“第三极”——青藏高原上，高寒缺氧的环境孕育出独特的高原生态系统，而站在这一生态系统顶端的则是雪山之王——雪豹（*Panthera uncia*）。

雪豹生活的地方远离人类，这也让它们获得了相对安全和完整的广阔栖息地，从而成为中国种群最完整、最健康的大猫。雪豹的足迹遍及青藏高原和周边山脉，从西南的喜马拉雅山脉到西北的天山山脉和阿尔泰山脉，乃至中部的贺兰山脉，海拔2000 ~ 5000米的高山地带都有雪豹的身影。中国拥有世界上面积最大的雪豹分布区和数量最多的雪豹种群，可以说，中国的雪豹保护将决定这个物种的未来。

雪豹 SNOW

LEOPARD

SNOW LEOPARD

雪豹

Panthera uncia

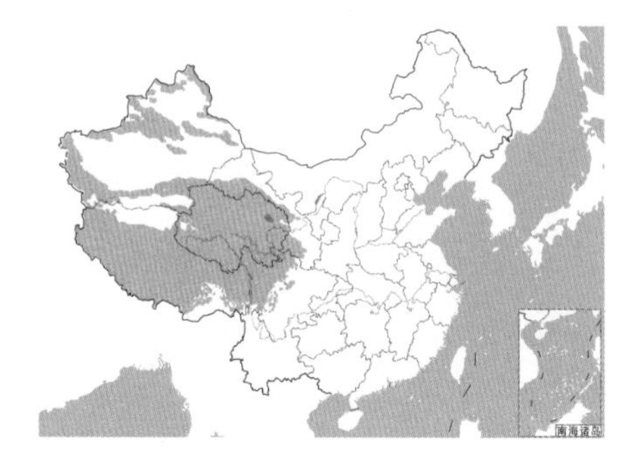

演化和分类

雪豹与虎一样属于猫科豹亚科，也就是大猫家族。由于与其他大猫形态差异显著，不能像其他大猫一样“吼叫”，雪豹曾被列为独立的雪豹属（*Uncia*）的唯一成员。但基于最新的系统发育学分析，科

◀雪豹的尾巴几乎与身体等长。山水自然保护中心 / 供图

学家最终将雪豹与其他大猫一起归入了豹属（*Panthera*），而在这个同时囊括了虎、豹、狮和美洲豹的大猫家族中，雪豹与虎的关系最为接近。

形态

雪豹有着典型的大猫形态。而在所有豹属动物中，雪豹是体型最小的：成年雄性的体重为 37 ～ 55 千克，雌性为 35 ～ 42 千克；肩高约 60 厘米，头体长 100 ～ 130 厘米，尾长 80 ～ 100 厘米。

从雪豹的形态就可以看出它们对于亚洲中部高寒山地环境的完美适应：烟灰色或奶黄色的皮毛点缀着酷似石块的豹纹，这使它们能轻易融入高山裸岩环境；厚且长的毛发则帮助它们在酷寒的气候下有效保暖；前肢较短而后肢较长，脚掌异常宽大，便于它们在山地行进；独特的肌肉和骨骼构造，使它们能够在陡峭的地形中完成加速、转身、跳跃等动作；几乎与身体等长的尾巴则帮助它们在运动过程中保持平衡；上下颌骨可以张开到 70 度以上，配上圆锥形犬齿，便于它们利用山地地形从不同角度伏击猎物。

分布和栖息地

今天，雪豹分布在以青藏高原为中心的亚洲中部广大山地中，从南西伯利亚到喜马拉雅山脉南

◀雪豹喜爱沿着陡峭的岩壁活动。山水自然保护中心 / 供图

麓范围内的各大山脉都可能是它们的家园，包括萨彦岭、阿尔泰山脉、天山山脉、昆仑山脉、帕米尔高原、横断山脉、兴都库什山脉、喀喇昆仑山脉、喜马拉雅山脉。此外，在内蒙古和蒙古的一些戈壁也有雪豹栖息。科研人员估算，雪豹潜在栖息地的面积大约有 200 万平方千米。

确切有雪豹分布的国家有 12 个：中国、印度、尼泊尔、不丹、巴基斯坦、阿富汗、塔吉克斯坦、乌兹别克斯坦、哈萨克斯坦、吉尔吉斯斯坦、俄罗斯和蒙古。此外，缅甸北部也存在一小块潜在分布区。

中国是雪豹的分布中心，超过 60% 的雪豹潜在栖息地位于中国境内。从行政区划来看，雪豹在西藏自治区、新疆维吾尔自治区、青海省、四川省、甘肃省、云南省和内蒙古自治区这 7 个省（自治区）有分布。而这些分布区又可划归 9 个自然地理单元：帕米尔高原—昆仑山脉—喀喇昆仑山脉、喜马拉雅山脉、横断山脉、青藏高原—唐古拉山脉—可可西里—冈底斯山脉—巴颜喀拉山脉、阿尔金山脉—祁连山脉、天山山脉、阿尔泰山脉、阴山山脉和贺兰山脉。

雪豹主要栖息在林线以上、雪线以下的高山带和亚高山带。崎岖陡峭的山地、破碎的裸岩地貌是它们偏爱的环境，偶尔在稀疏开阔的林地中也有它们的活动踪迹。大多数雪豹活动记录出现在海拔 3000 ~ 4500 米，极限海拔高达 5800 米，但在分布区北部和戈壁沙漠中，它们也会出现在较低海拔处（900 ~ 1500 米）。

食性

作为高寒山地生态系统的顶级捕食者，雪豹的猎物包括生活在这些区域中的诸多物种，其中最主要的是两种野生山羊：北山羊和岩羊，这两个物种基本是各自分布范围内雪豹的首选猎物。例如，在中国新疆，雪豹主要捕食北山羊，而在青藏高原，则主要捕食岩羊。在北山羊和岩羊数量不占优势的局部区域，习性与它们相近的其他野生山羊成为雪豹的主要猎物：在巴基斯坦奇特哈尔和吉尔吉特地区是捻角山羊，而在尼泊尔珠穆朗玛国家公园一带则是喜马拉雅塔尔羊。

除了这些野生山羊，雪豹的食谱也覆盖了它们活动范围内的其他野生有蹄类，如盘羊、鹿、马麝、斑羚等。此外，旱獭、野兔、鼠兔等中小型哺乳动物，鸟类，甚至体型较小的食肉动物，都可能成为雪豹的盘中餐。在一些区域，雪豹也会捕食牦牛、山羊、绵羊等家畜。

▲捕食岩羊的雪豹。骆晓耘 / 摄

习性

成年雪豹一般保持独居，只有在交配季节或母豹带崽时才出现多只雪豹一同活动的情况。同性雪豹之间有着强烈的领域性，强壮的个体会尝试占据更大、更优质的栖息地。雄性雪豹的家域大于雌性，而且一只雄性雪豹的家域通常会与数只雌性的家域重叠，这些雌性就是其潜在的交配对象。交配通常发生在1月到3月中旬，这段时间，雪豹通过更频繁地标记领地（如刨坑、排便、泌尿等）和声音呼唤来寻求配偶。交配结束后，雪豹立即回归独居状态。雌性雪豹经过93～110天的怀孕期，于五六月间诞下幼崽。一胎可产崽1～5只，通常为2～3只。小雪豹由雪豹妈妈独自抚养，直到它们成长到19～22个月，拥有独立生活能力后，便会离开母亲开始扩散。

种群现状和保护

雪豹绝大多数活动区域都位于对人类来说条件恶劣的崇山峻岭中，这使得它们受到的人类影响远小于虎、豹等其他大猫。然而这也给雪豹研究带来了极大的挑战，加之雪豹种群密度普遍较低，且行踪隐秘、难以侦测，使得准确

◀ 雪豹会通过尿液标记领地。山水自然保护中心/供图

▶ 雪豹妈妈独立抚养幼崽。山水自然保护中心/供图

评估雪豹数量成为一项几乎不可能完成的任务。现有的雪豹种群数字基本都是粗略的推测：目前 IUCN 所采用的数字是基于 2016 年的一次评估，认为全球雪豹数量为 7367 ~ 7884 只。

至于中国雪豹的数量，目前的评估认为在 4000 只以上。这一数字同样较为粗略——根据中国雪豹保护联盟的统计，截至 2018 年，中国的雪豹调查仅覆盖了境内雪豹潜在栖息地的 1.7%。

雪豹和许多大猫一样曾受到猎杀的威胁，其中部分来自牧民对其捕杀家畜的报复，更多的情况则是为了获取其毛皮和骨头。如今，这些行为都已被法律严格禁止，但盗猎和非法贸易等问题仍不容忽视。栖息地退化和破碎化可能是今天雪豹面临的最主要的威胁。雪豹生活的高寒山地生态系统本身就相对脆弱，过度放牧、矿产开发、道路建设等活动都在侵占雪豹现有的栖息地。全球气候变化令栖息地丧失的威胁更为严峻：不断上升的气温将推动林线向山顶移动，进一步压缩雪豹的栖息地，而青藏高原等雪豹分布区的升温速度达到了北半球平均升温速度的两倍。此外，气候变化带来的疾病、种间竞争和人类活动变化的影响都难以估量。

雪豹的魅力使它在今天获得了大量关注，这为保护工作提供了便利。早在 1975 年，雪豹就被列入《濒危野生动植物种国际贸易公约》附录 I，雪豹及其制品的国际贸易被严格禁止。国际雪豹基金会、雪豹网络、大猫基金会等国际组织也在全球范围内努力推动雪豹保护。

在中国，雪豹被列为国家一级重点保护野生动物，受到法律保护。三江源国家公园、祁连山国家公园、珠穆朗玛峰国家级自然保护区、托木尔峰国家级自然保护区等自然保护地庇护了大面积的雪豹栖息地。山水自然保护中心、荒野新疆、猫盟等民间保护机构也分别在不同地区开展雪豹保护工作，一方面推动雪豹的基础研究，一方面也推动当地社区参与雪豹保护。由北京大学自然保护与社会发展研究中心和青海省杂多县人民政府牵头，北京林业大学、中国科学院、万科公益基金会、珠峰雪豹保护中心、绿色江河、荒野新疆等科研、民间机构共同参与组建了中国雪豹保护联盟，该雪豹保护网络希望以网站、月度报告等为载体，以线上交流和线下培训、论坛、小额赠款为主要方式，搭建中国雪豹研究与保护的沟通交流平台，推动中国雪豹研究和保护事业的发展。

雪豹食谱大揭秘

你会不会为家里的“猫主子”吃什么操碎了心？到底是鲜肉无谷，还是海洋配方？虽然选择有很多，但其实都还好办，毕竟“主子”不喜欢可以下次再换。但是想要知道雪豹这种大猫“主子”喜欢吃什么，以开展相应的保护行动，就要困难得多了。毕竟我们没法儿天天盯着雪豹，看它对每一种食物的反应是大快朵颐还是心不在焉，然后给它换不同的食物，用饭盆里的剩余量来做比较实验。

不过，随着科学的发展，研究者终于有了和雪豹拉近距离的机会，那就是捡屎！

◀在雪豹栖息地搜寻雪豹粪便的“捡屎官”。更尕依严 / 摄

捡屎：揭开雪豹食谱的秘诀

通过对雪豹粪便里的食物残渣进行物理识别及 DNA 分析，我们就能知道雪豹到底吃了些什么。

不过，我们要先找到雪豹的粪便。这就需要“捡屎官”们找到雪豹的活动区域——往往是海拔 4000 米以上的大石头山，并在雪豹喜爱活动的山脊或垂直于地面的大石头处找它们留下的粪便。所以研究人员时常走到腿发抖。每一颗硕大的雪豹屎背后，都是研究人员欣喜若狂、“垂涎欲滴”的眼神。

在 2009 年至 2014 年的 5 年时间里，山水自然保护中心和北京大学自然保护与社会发展研究中心的研究人员跋山涉水、顶风冒雪，

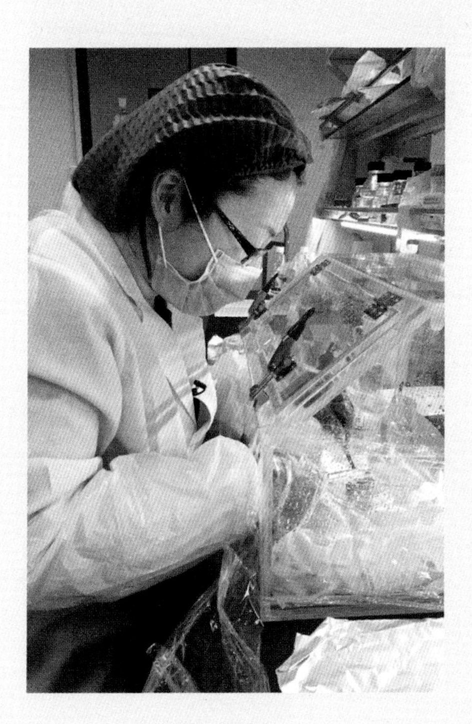

◀ 在实验室对粪便进行分析。山水自然保护中心 / 供图

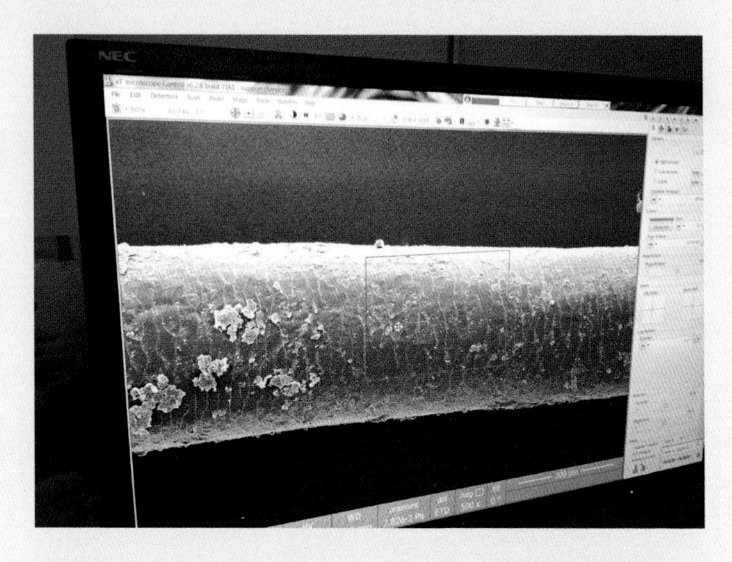

▲通过在电子显微镜下鉴别不同物种毛发的鳞片特征，可以相对准确地识别物种，图中这根毛发属于雪豹最爱的食物——岩羊。山水自然保护中心 / 供图

共收集了近 1800 份雪豹粪便样本。经过小心的分装处理，这些粪便被送到了北京大学的实验室中，研究人员会在光学显微镜和电子显微镜下分辨食物残渣——比如猎物的毛发、骨头、牙齿以及指甲，并进行 DNA 分析。通过这些分析，再结合大量的文献资料，我们终于大致了解了雪豹的喜好，从而更好地开展相应的保护行动。

“主菜”：野生山羊

提到雪豹的日常饮食，99% 的人第一反应一定是——肉！可天下的肉种类繁多，我们姑且将雪豹的食谱分为主菜、配菜和点心。主菜，自然就是雪豹最常捕食的动物——野生山羊家族的成员了。这些野生山羊大都是在峭壁间如履平地的攀岩高手，足以令狼等捕

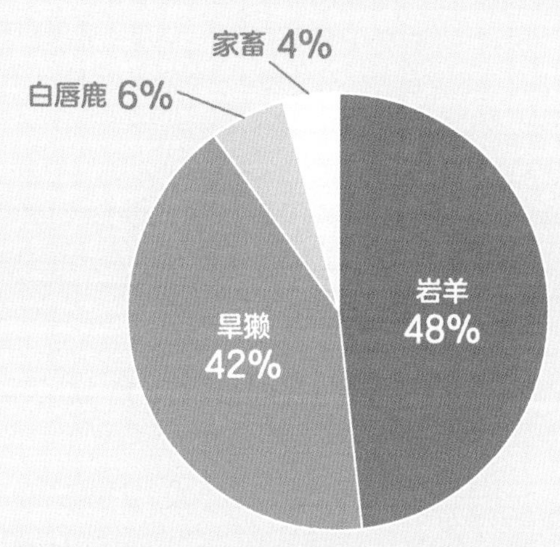

▲三江源地区雪豹的主要食物构成。数据来源：山水自然保护中心

▲三江源地区雪豹的主要食物——岩羊。山水自然保护中心 / 供图

食者望而兴叹。但是，雪豹常在绝壁间活动，且擅长伏击突袭，自然成为野生山羊最大的天敌。在不同区域，主要分布的野生山羊种类有所不同，所以雪豹的主菜也有区别：青藏高原地区的雪豹主要以岩羊为食，天山地区及中亚的雪豹则以北山羊为食，喜马拉雅山脉的雪豹捕食喜马拉雅塔尔羊，兴都库什山脉的雪豹捕食捻角山羊。根据北京大学的调研数据，在三江源地区，岩羊能够占到雪豹食物总量的 48%。

此外，旱獭也是雪豹经常享用的美食。在三江源地区，旱獭占雪豹食物总量的 42%，仅排在岩羊之后。大约是因为旱獭肉质鲜嫩、肥美多汁，且群聚数量多、行动缓慢易捕捉，所以它们获得了雪豹的青睐。美中不足的是，旱獭有冬眠的习性，所以准确来说，旱獭属于雪豹的“春夏秋特供”。

▲喜马拉雅旱獭。山水自然保护中心 / 供图

“配菜”：其他有蹄类

介绍完主菜，我们再来看看配菜。配菜就是雪豹也喜欢吃，但是吃的频率没有主菜那么高的食物，一方面包括鹿、盘羊、马麝等其他野生有蹄类，另一方面则是兔子、鼠类和鸟类等小型动物。雪豹分布范围内的鹿包括白唇鹿和马鹿等，但它们属于大型有蹄类，成年雄性白唇鹿的体重能达到 200 千克，这对雪豹来说捕猎难度很大，它们只能抓些“老弱病残”。研究人员分析发现，白唇鹿占三江源地区雪豹食物总量的 6% 左右。与大块头的白唇鹿相反，兔子、鼠类和鸟类的个头太小，仅够雪豹塞牙缝，弄不好吃一顿还补不上捕猎消耗的能量。整体上，这些配菜出现得不多，它们对于雪豹来说，口味平平，但足以果腹。

▲白唇鹿。山水自然保护中心 / 供图

▲雪豹捕食牧民家的牦牛。山水自然保护中心 / 供图

在冬日寒风凛冽、白雪皑皑、食物匮乏的时候，饥饿难耐的雪豹主子会“霸道”地直接冲到山下的牧民家，捕食牦牛、绵羊和山羊等家畜。虽然这些家畜在雪豹的食谱中仅占 4% 左右，但也给牧民家庭造成了极大的经济损失：2019 年，三江源国家公园澜沧江源园区昂赛乡的一次调查显示，当地牧民每个家庭每年平均有 1.5 头牦牛被雪豹捕食，雪豹也因此遭到牧民的强烈反感。这也是山水自然保护中心和国家公园管理局正在努力解决的问题。

“点心”：雪豹也吃素

也许你想不到，雪豹也要吃素！近年，研究人员在雪豹粪便中检测到了相当数量的柽柳科植物的残渣。这是雪豹在吃“主菜”的时候顺便吃进嘴里的，还是为平衡膳食往自己的食谱里加点儿粗纤维？这需要更加深入的研究。

研究雪豹吃什么，可以帮我们解答很多问题。比如，为什么有的区域雪豹食谱中家畜的比例很高？人兽冲突激烈的区域，是否应该成为保护的优先选择？除了牧民，雪豹会不会和其他食肉动物产生激烈的冲突？在未来，研究人员还会在三江源的更多区域，通过更多的粪便样本，研究雪豹及其邻居，如豹、狼、赤狐等食肉动物的食物构成，以及雪豹与其邻居的空间关系等，了解更多三江源雪豹及其他野生食肉动物的隐秘生活。

▲雪豹粪便中的柽柳科植物残渣。山水自然保护中心 / 供图

一代豹王“冰冰”

除青藏高原之外，新疆拥有中国最大的雪豹种群。在乌鲁木齐市的郊区，南山和博格达山上就栖息着全世界距离大城市最近的雪豹种群。2013 年以来，新疆当地的民间环保公益组织“荒野新疆”持续在这里追踪雪豹的足迹，收获了大量宝贵的雪豹“生活照”，并初步建立了乌鲁木齐市周边区域雪豹个体的数据库。这些影像和数据记录了一个雪豹王朝的崛起与落幕。

“帅哥”还是“美女”？

新疆豹王“冰冰”是乌鲁木齐南山的一张名片。

2014 年 4 月，荒野新疆的研究人员监测并识别出第一只雪豹。当时它身边还有一只小雪豹，拖家带口的样子颇有母亲的风范。

“大的一定是母豹了，”做个体识别的西锐队长说，“就叫它冰冰吧，叫冰冰的都是大美女。”冰冰因此得名。

在对大型猫科动物进行个体识别时基本上要依靠其身上的斑纹，这不仅包括斑纹的形状，也包括其排列组合。只有特定角度和形变比较小的部位才便于识别。由于雪豹的斑纹比较大，其个体识别相对于豹来说更容易，尤其是尾巴，花纹和排列都相当清晰好认，常常成为用于识别的重点部位。

冰冰也是这样，它的尾巴根部铺着一大两小的一列斑点，非常惹眼。随着影像资料中冰冰被识别出来的次数越来越多，大家逐渐发现：这娃儿其实是只雄性雪豹。乌龙归乌龙，在做雪豹个体识别时栽在性别上其实是常有的事——体毛太长，性征都被遮住了，要分辨是“帅哥”还是“美女”，难度不小。也出于类似的原因，一只雌性雪豹被取名“解放”——它正是冰冰的配偶之一。

古人认为“天庭饱满、地阁方圆”是富贵双全的面相，冰冰就有这样的面向。它的鼻腔（脑袋）很大，这可以帮助它在高山上运动时获得更多的氧气，上扬的眼角配上有着黄绿色虹膜的眼睛，使

▲豹王冰冰初亮相。荒野新疆 / 供图

得它的眼神十分犀利。

冰冰武力满点，颜值在线，不愧为这一区域的豹王。

王者争霸，花落谁家？

雪豹具有领地意识，为了占据最好的领地，雄性雪豹之间竞争激烈，都想争坐豹王的“宝座”。

根据荒野新疆志愿者的监测，冰冰的家域面积超过100平方千米，位于南山的一号冰川附近，横跨三条沟，而这里也是乌鲁木齐河的发源地，有大群的北山羊。在冰冰之前，这片区域的主人是一只名叫“五月”的雄性雪豹。

五月是曾经的豹王，年纪较大，早在人们第一次拍摄到冰冰之前，两只雪豹已经开始相互争斗。最终的胜出者——冰冰得到了条件最好的领地，而膀大腰圆的五月则在稍次一等的领地上来回巡视，仍对隔壁冰冰的地盘虎视眈眈。

生态学中有句俗话：“公的跟着母的走，母的追着食物跑。”这句话用在雪豹身上是有些道理的。雪豹争夺领地不仅是出于捕猎的需要，也是为了争夺更多的雌豹，以延续自己的基因。雌豹“解放”“白鼬”“小妾”“属兔”都是冰冰的配偶，它们共同生活在这片领地之中。在五月的领地内，则活跃着“柱子”和“岩蜥”两只雌豹。

每到繁殖季节，冰冰和五月就会频繁巡视自己的领地，并在领地边缘对所有前来挑战的雄豹予以痛击。作为“邻居”，它们明显没少打架——冰冰的鼻子被挠出了一道明显的伤疤，五月在打斗中缺损了半只耳朵。

▲冰冰的竞争对手五月。荒野新疆 / 供图

▶ 冰冰与雌雪豹交配。荒野新疆 / 供图

不过值得一提的是，在大大小小的斗争中，它们的关系都维持着微妙的平衡，冰冰不会吞并五月的领地，五月也没能成功进犯冰冰的“帝国”。这种平衡一直持续到 2017 年，五月的身体状况已不复当年，其大部分领地已经为冰冰的儿子“C 仔”（生于 2015 年）所占领。再往后，进入 2018 年，五月不见了，它的妻儿也一并消失了。

五月大概并没有死，但最优质的领地必然属于最强壮的雄豹，或许五月带着家眷去往更偏远的地方了。

冰冰的家族取得了最终胜利。

是强悍的王，也是好父亲

与大多数猫科动物一样，雪豹每胎能够产崽 2 ~ 3 只（也有多达 5 只的记录）。在 2014—2019 年的监测中，冰冰和它领地内的 4 只雌豹总计繁殖了 7 次共 14 只幼崽，这是一个相当辉煌的“成绩”。

比如，2015 年出生，后来取代了五月的雄豹 C 仔就是冰冰之子。而 C 仔的母亲解放，在 2013—2018 年先后生育了 3 胎共 7 只幼崽，

▲冰冰和解放的儿子——C仔。荒野新疆 / 供图

前 5 只都已长大并成功扩散，C 仔就是其中之一，2013 年出生的雄豹“望峰”也已在临近南山的托克逊县定居。

由于豹王冰冰的强大，它的孩子大多得以安全长大并扩散到其他地区。但是，由于分布区域的冬季十分寒冷，雪豹的繁殖具有高度的季节性，小雪豹也必须有充足的食物才能够健康长大。2015—2016 年的冬季，冰冰的家族经历了一场浩劫，而人们也得以观察到冰冰对孩子的呵护行为。

雪豹最重要的猎物是北山羊和岩羊。冰冰所在的新疆天山南山是北山羊的聚居区，爱吃羊的它常常蹲在离北山羊几十米远的石堆后面伪装埋伏，以便趁其不备发起突袭。虽然爱吃羊，但雪豹生性谨慎，资料显示，即使是在家畜数量丰富的情况下，雪豹也更偏好捕食野生有蹄类。蒙古南部戈壁沙漠中托斯特山脉的雪豹项圈跟踪数据显示，尽管该地区家畜数量比野生有蹄类多 10 倍，但野生有蹄类还是占据了雪豹猎物总数的 73%。在新疆天山，情况同样如此，研究显示，北山羊可以占雪豹食物总量的 60%。

▲因瘟疫而倒下的北山羊。荒野新疆 / 供图

2015—2016 年的冬季，天山的北山羊种群发生了瘟疫。由于大批北山羊死亡，找不到食物的雪豹不得不下山偷袭牛羊家畜，南山地区的村落频繁发生牛羊被雪豹袭击的事件。为了解决雪豹食物匮乏的问题，新疆天山林业管理部门和荒野新疆的志愿者展开了救助行动，对特殊雪豹个体进行定点定量的投食补饲。

比如，一只活羊被送进白鼬沟，这里生活着雌豹白鼬和它的两个一岁半的孩子，冬季没有牧业活动，也很久没有记录到北山羊，食物非常稀少。一岁半的雪豹幼崽尽管体型已经与成年雪豹相当，但捕猎技能还不熟练。作为带着幼崽的母亲，白鼬显然更加谨慎，面对河谷里拴着的家羊，它始终带着两个孩子在山坡上徘徊观察，并未主动发起攻击。

直到第二天入夜，这只家羊附近终于出现了一只雪豹——是冰冰！南山豹王不孚众望，轻易便猎杀了家羊开始大快朵颐。值得注意的是，随后白鼬和两只幼崽也一起“用餐”，而冰冰似乎并不在乎猎物被妻儿分食，它只是饱餐了一顿，便离开了。除了有群居习

◀ 带着两个孩子的白鼬。荒野新疆 / 供图

性的狮子，这样的分享，尤其是在异性之间分享食物的行为在其他猫科动物中十分罕见。

看到这一幕，负责监测的西锐队长若有所思，他想起最开始发现冰冰的时候它的身边也有一只雪豹幼崽，于是提出了大胆的猜想："雪豹虽然是独居，但很可能有稳定的家庭关系，冰冰真的在默默守护它的妻儿。"

称王于南山冰川上的冰冰，不仅强大，也是好父亲。

王朝的落幕

鉴于雪豹的生存环境大多偏远且恶劣，目前人们对雪豹的调查和了解还极其有限。圈养情况下，雪豹的寿命可以达到 20 年，如西宁野生动物园的雄性雪豹"大豹"今年已经 22 岁（推测其生于 2000 年，换算成人类的年纪相当于 110 岁）。但在野外，由于环境、猎物的影响和领地之争等因素，雪豹大多不会"寿终正寝"。在蒙古，人们曾经监测到小雪豹在 18 ~ 24 月龄（1 岁半到 2 岁）时离开母亲独立，雌性雪豹生育头胎的年龄在 3 ～ 4 岁。正常情况下，一只雄性雪豹在称王期间，会养育 3 ～ 4 批雪豹宝宝。

冰冰的第一个配偶解放给它生了 3 胎宝宝，2019 年夏天，冰冰最小的孩子也已经离开母亲独自生活，寻找新的领地去了。

乌鲁木齐南山豹王的暮年即将到来。2019 年 6 月，冰冰从南山消失了。

新的豹王很快接手了冰冰曾经的地盘，它高高地翘起后肢和尾巴，在大石头下做着标记，宣示自己的主权。南山也迎来了新的雌性雪豹“恰依”。在哈萨克语里，“恰依”是奶茶的意思。

跟早前离开的五月一样，冰冰或许没有死，只是去了更远的地方。最好的领地会由最强大的雄豹守护，新的豹王会将自己的基因延续扩散，这样的轮回，在雪山自古如此。

临行前，冰冰站在冰川上，向着自己王朝的最后一抹余晖告别，然后离开。

▲壮年时标记领地的冰冰（下）与暮年日渐衰老的冰冰（上）。荒野新疆 / 供图

残酷的战争——卧龙雪豹大龙的战斗史

2018 年 10 月 23 日，国际雪豹日，卧龙国家级自然保护区（以下简称“卧龙保护区”）公布了红外相机拍摄到的一只雪豹保卫领地的影像。影像的主角是一只叫大龙的雄性雪豹，它为了保卫领地，经历了多次打斗，脸上频繁“挂彩”。这则新闻在最后提出了一个问题：“大龙”是否还会续写辉煌？

为了解答这个问题，猫盟的负责人大猫从卧龙保护区发来的更多影像资料中，艰难地理出了大龙负伤的前因后果。要知道，为了收获雪豹的影像资料，卧龙保护区的工作人员需要从果子狸活动的地方，穿过大熊猫的地盘，从海拔约 1000 米的地方来到海拔 4000 米以上的雪豹活动区。而大猫则需要对大量影像素材进行个体识别。雪豹的个体识别并不容易——毛太长导致斑点不清晰，有时甚至会把性征遮住，连性别都很难确认。而识别邛崃山脉的雪豹尤其困难，因为四川东部雨水多，浑身湿漉漉的雪豹让人根本就没法看清斑纹。好在，大猫最终还是完成了这项任务。

为何而战

经过个体识别，大猫发现，就在仅仅四五个点位的素材中，除

◀尚未受伤的大龙。卧龙国家级自然保护区 / 供图

▶ 白尾梢。卧龙国家级自然保护区 / 供图

了大龙，还记录到了两只成年雄性雪豹（分别被取名为“白尾梢”和“黑尾梢”，因为二者最大的区别是一只尾梢为白色，另一只尾梢为黑色）和一只带着两只幼崽的雌性雪豹。即使不算幼崽，这几个点位也出现了 4 只成年雪豹。

三雄一雌，难怪会打起来了。

猫科动物都具有领地意识，成年个体会捍卫自己的领地，从而确保食物和配偶不受侵犯。大型猫科动物的领地意识尤其典型，雄性的领地会尽量大到能覆盖几只雌性的领地。

这种看似贪婪的配偶策略实际上是非常有效的：它能增加繁殖成功的机会，确保强大的基因能够最大限度地延续下去。因此，成年猫科动物间的打斗是很常见的，尤其是雄性之间。

在对山西华北豹的监测中，大猫目睹了雄豹 M4 的入侵及其与 M2 形成新的平衡，也见证了在自然更迭之下 M2 的最终离去及新豹王 M12 的诞生……猫盟曾拍到断尾的华北豹，推测是打架所致，也亲眼见到了 M2 脸上的伤疤，但确实没见过像大龙这样打得头破血流的雪豹。从影像资料来看，大龙确实有点儿惨，如果说 M2 的伤疤是荣誉的勋章，只是让它看起来比那些刚开始“混”丛林的小雄豹多了几分霸气，那么大龙简直被打成“猪头”了。

大猫认为，豹对共用领地的容忍度还是相对较高的，这或许也是豹演化得如此成功的一个原因。比起比较友好的豹，别的大型猫科动物要

▲黑尾梢。卧龙国家级自然保护区 / 供图

惨烈得多。成年虎的重要死因之一就是争夺领地的打斗，我们在纪录片里也经常能看到狮子争夺王位时的残酷场面。而雪豹在遗传上与虎比较接近，它对待领地的态度是否也与虎一样暴烈呢？

过去大猫并不这么认为。因为在四川石渠、青海囊谦，猫盟都曾发现一些不错的点位，会出现数只不同的雪豹个体，其中不乏不同的雄性——这在豹的领地模式里非常罕见，大部分情况下，仅在一些领地边缘的重叠处才会出现几只豹扎堆的情况。但大龙的情况似乎说明：雪豹在地盘问题上，并不是那么好说话。如果排除了大龙在捕猎过程中受伤的可能性，那么这些伤最有可能是在和同类争夺地盘时打架导致的。

因为在 2017 年 9 月，这片区域还拍摄到一只带着两只即将成年的幼崽的雌性雪豹，而大龙首次被发现受伤是在 2017 年 6 月，当时幼崽显然尚未独立，这种情况下雌性雪豹是不会发情的，因此雄性雪豹没有必要为争夺交配权而打架，“冲冠一怒为红颜”的可能性比较小。换句话说，大龙不是因为争夺雌性而光荣负伤，而是为了争夺领地主导权而战。

王位更迭

在这场战争中，大龙究竟是什么身份？是新来的挑战者，还是英雄迟暮的旧王？

通过分析卧龙保护区雪豹素材中三只雄性雪豹出现的时间线和次数，可以发现拍摄到大龙的次数是最多的。从 2017 年 2 月到 2018 年 3 月，它在不同地点被记录 15 次。而另外两只雄性雪豹是后来出现的：从 2017 年 10 月 17 日到 2018 年 5 月 27 日，白尾梢共被记录 9 次；黑尾梢出现得最晚，从 2018 年 2 月 20 日到 5 月 7 日，共被记录 5 次。

一片栖息地里占据王者地位的雄性个体，通常是被拍摄次数最多的。比如山西和顺曾经的豹王 M2，它被拍摄到的点位和次数远超别的豹个体。因此，大龙的拍摄情况似乎说明，它就是，或者曾经是卧龙梯子沟一黑水河大雪塘一带的雪山之王。如果不出意外，在历史数据里应该能看到更多的大龙。

至于大龙的伤势，以时间顺序来看：2017 年 2 月 3 日，大龙还完好无损；到了 6 月 26 日，镜头里的大龙右眼下方已经受伤；之后 7 月份的连续拍摄显示，它的伤口似乎有所好转；但到了 9 月 8 日，它的下巴好像有点儿肿；9 月 20 日，它的下巴左侧干脆有一大块嘴唇明显脱落了；10 月 25 日，它的下巴再添新伤；11 月 14 日，它的伤情看上去很严重，伤口不愈合，有感染的迹象；2018 年 1 月 13 日，大龙嘴角的伤口看上去好了一些。然而此后它的伤似乎一直没有痊愈，尤其是右眼下方的伤口，总是红色的，露着肉——这让人很不安，是什么原因导致伤口一直不愈合呢？大约两个月后的 2018 年 3 月 6 日，它眼角的伤似乎更严重了，这是红外相机最后一次拍到它。

大猫并不觉得大龙打过很多次架，但不知道是什么原因，它的伤一直没有痊愈。不过，它的身体状况看上去一直都不错，依然非常强壮，并没有显现出任何瘦弱的迹象。嘴部和眼部的两处伤口看上去并没有妨碍它捕猎。但大龙看起来确实比白尾梢和黑尾梢年长，

▲大龙（左）与白尾梢（右）的长相对比。卧龙国家级自然保护区 / 供图

资历更深。虽然没什么科学依据，但凭经验是能从面相看出这些大猫所处的年龄阶段的，比如华北豹 M2，老气横秋的，一看就比 M4 老。即便是在受伤之前，大龙看上去也比较沧桑，而两位后来者，尤其是白尾梢，就显得年轻冷峻得多。大龙的伤也未必全是因为和白尾梢、黑尾梢打架落下的，毕竟 2017 年 6 月大龙右眼受伤的时候它们都还没出现。

不过大龙受伤可能是王位即将更迭的征兆：新的雄性雪豹来争夺它的地盘了。特别是白尾梢，它第一次出现的时间是 2017 年 10 月 17 日，而大龙下巴受伤（第二次）的时间在 9 月底。不得不说，大龙的那一道伤疤很可能就是白尾梢的手笔，而白尾梢可能最终赢得了这场战争，成为新王。

有趣的是，大龙和白尾梢长得特别像，从花纹到眉宇间的表情几乎都毫无二致，而且大龙的尾梢也是白色。它们之间是否有血缘关系？或许白尾梢就是大龙的儿子？当然这只是推测，无论是子承父业还是龙争虎斗，雪豹的真实生活总是比我们想象的更绚烂。

生生不息的卧龙

2018 年 3 月 6 日凌晨 1 点，大龙最后一次出现在镜头前。它晃着脑袋健步走在雪地上，经过相机后就不见了。

大龙应该还活着，如果它能熬过 2018 年的春雪（四川的雪往往到春天才下，3 月到 5 月，山上往往是白雪皑皑的）——毕竟它依然健壮，也能像往常一样在地面蹬踏着留下标记，但它可能再也不会出现了。最好的栖息地总是属于最强壮的雪豹，它们用自己的方式将优良的基因散播至整个邛崃山区。

2018 年 5 月 27 日，白尾梢高高地站在山脊的岩石旁，脚下是白雪和山间的白云，以及属于雪豹、岩羊、大熊猫、豹、豺、水鹿、羚牛、川金丝猴、中华斑羚、毛冠鹿、黄喉貂、小熊猫等野生动物的卧龙群山。

崭新的卧龙之王，在此“君临”。

至于白尾梢的统治能维持多久，它的后任又会在何时出现，就要等待那些坚守在高山之上的红外相机和卧龙那群爱上山的保护工作者来告诉我们了。

无论如何，在广袤的高山群峰间对这些可能是世界上调查难度最大的雪豹种群进行长期监测，从而发现它们的故事，本身就是一件很酷的事情。

▶ “君临”卧龙的白尾梢。卧龙国家级自然保护区 / 供图

游走在分布区东缘的雪豹

内蒙古是中国雪豹分布区的东缘，历史上，贺兰山、阴山、雅布赖山、狼山等山脉都有雪豹的分布，但是近半个世纪以来，这里总共只记录到 5 次雪豹。2021 年 8 月底，猫盟曾前往内蒙古西部安装红外相机寻找雪豹。由于数量很少，又缺乏信息，毫不意外，这次调查无功而返……然而一周后的 2021 年 9 月 5 日，一只雪豹突然出现在了内蒙古中部四子王旗的巴音敖包苏木，随后被救助到了鄂尔多斯野生动物园。经过了是否要将其圈养的争论，9 月 22 日，这只雪豹终于在贺兰山国家级自然保护区哈拉乌北沟被放归自然，为这片雪豹分布边缘区的种群带来了更多的希望。

▲猫盟的调查员站在苍茫的雅布赖山下。猫盟 / 供图

追寻豹踪

早在一年前的 2020 年 9 月 22 日，一只雪豹就曾趁着夜色路过贺兰山中的一台红外相机，它炯炯有神地注视着镜头，晃动的大尾巴尖绕成一个环。

这是贺兰山内蒙古段时隔 67 年再次记录到雪豹，也是猫盟最初决定去内蒙古寻找猫科动物的原因。燕山、阴山、贺兰山、雅布赖山是内蒙古境内一道古老的地块缝合线，自 20 世纪六七十年代以来的 5 次雪豹记录，从大兴安岭南部横跨到阴山山脉的大青山和乌拉山，再到腾格里沙漠和巴丹吉林沙漠，彼此之间相隔很远，而贺兰山正是当时内蒙古雪豹的最新发现地，这也证明了这条缝合线上的山脉很可能还保留着一些雪豹的适宜栖息地，甚至仍是现存几个雪豹大种群之间交流的通道，值得一探。

于是，2021 年 8 月 22 日，猫盟踏上了追寻内蒙古大猫的旅程。可当一行人真正踩在内蒙古西部的土地上时，才发现这里的情况比想象的恶劣得多：山不高，水不多，树也稀疏，仅存的一些青草也被各种食草动物啃食得像扎手的胡茬儿。因此，这片区域的问题也

▲荒芜的狼山植被十分稀疏。猫盟 / 供图

很明显：一个地方要想维持大型猫科动物的生存需要足够多的猎物，雪豹主要以大中型有蹄类为食，然而内蒙古西部水热条件有限，区域内大型有蹄类的数量太少了。尽管 2011 年、2013 年人们分别在狼山北坡、南坡救助过雪豹（2013 年救助的个体甚至到过雅布赖山），但狼山地区的岩羊种群还在恢复当中，北山羊则要到狼山以北接近中国与蒙古国境线的地方和部分山区才有，雅布赖山目前仅有数百只盘羊。

相比之下，内蒙古南部的贺兰山条件要优越得多，这里岩羊的数量十分庞大，仅在贺兰山国家级自然保护区内，岩羊的数量就超过了 10 000 只，更有 2000 只以上的马鹿种群。如果按现有研究中雪豹每 100 平方千米 1 ~ 3 只的密度计算，贺兰山区可以供养 30 ~ 90 只雪豹。

▲狼山地区的岩羊（左）和雅布赖山区的盘羊（右）。猫盟 / 供图

内蒙古西部之行的考察结果并不让人意外：这里野生猫科动物很少，确定存在的只有兔狲和猞猁，雪豹大概率是没有的，就算有也是“千年等一回”。8月29日，返程的高铁途经内蒙古中部的大青山，这里近期没有发现过雪豹，不过山林看起来很葱郁，大家在路上不由得畅想，下回是不是该来这里寻找雪豹。7天后，内蒙古四子王旗突现雪豹。

这仿佛一种冥冥之中的感召：在我们为雪豹奔赴各地时，雪豹也在等待着我们。

放归之争

考虑到当地群众的安全，四子王旗的雪豹很快被救助到鄂尔多斯野生动物园。

此前，中国已经有不少雪豹放归的经验，对于救助雪豹的处理也有前例可循：首先是体检，评估其健康状况，如果不适宜放归，则需要进行治疗或休整；如果并无健康问题，建议给它佩戴卫星跟踪项圈，择时择地科学放归。

至于放归的地点，常年关注雪豹研究的大牛表示，从避免人豹冲突的角度来看，尽管并没有明确的雪豹攻击人的记录，但内蒙古贺兰山和大青山有面积较大的自然保护区，更有利于避免雪豹捕食家畜的情况，再加上猎物丰富度的影响，贺兰山是最适合放归的地方。

事实上，这只雪豹的确很健康，野外放归似乎指日可待。

然而，在这只野生雪豹被救助两周后的中秋节假期，鄂尔多斯野生动物园却疑似要将它圈养起来，并直接用于展出——动物园号召网友给该雪豹取名，甚至声称它“即将与观众见面”。这引起了动物爱好者的愤怒，也让所有关心雪豹的保护工作者担心不已——它还能回到野外吗？

在猫盟负责人大猫看来，这只雪豹无疑应当放归。

首先，内蒙古四子王旗的这只雪豹是近几十年来中国乃至世界雪豹分布最东端的纪录。在这之前，根据学者朱珠（Justine Shanti

Alexander）在蒙古的雪豹研究数据，蒙古境内明确的雪豹分布的最东端，也仅在南戈壁省的托斯特山（狼山山脉的正北方）附近——四子王旗雪豹的出现将雪豹分布边缘一下子向东推进了约 300 千米，这对中国和世界的雪豹研究来说都是令人振奋的，其中的生态意义和保护意义非常重大。

此外，鉴于中国与蒙古边境铁丝网等障碍物的存在，雪豹要想穿越国境线有一定难度。2008 年在蒙古南部托斯特山启动的雪豹研究也证实，所有佩戴项圈的雪豹个体均未能越过边境围栏。这也意味着，四子王旗的雪豹很可能就来自附近的原生种群，是中国土生土长的雪豹。而内蒙古地广人稀，土地辽阔，很多地方虽然有部分有蹄类（如岩羊）能够作为大型食肉动物的猎物，但能供养的顶级捕食者数量并不多，一片山头也就一两只，这只雪豹可能关乎当地生态系统的完整与健康。

与此同时，作为拥有全球最大的雪豹潜在栖息地的国家，中国对雪豹的基础研究仍然相当缺乏。这只健康的野生雪豹若能顺利戴上卫星跟踪项圈返回野外，将给研究者提供关于雪豹活动和扩散的宝贵科研数据，对于了解和保护雪豹野外种群来说意义重大，远比被动物园圈养要有用得多。而在原本雪豹种群数量较少的地区，如果一只野生雪豹的生活就这么终结于动物园，不仅无视了动物个体福利，也不利于当地生态环境的保护和发展，更会给全国范围内的野生动物救助带来消极的影响。

就动物园本身而言，《世界动物园与水族馆保护策略（2005）》中提到，现代动物园的职能是综合保护和保护教育。换句话说，动物园参与保护的最终目的是维护自然生态系统和栖息地中动植物的种群数量，动物园饲养展出的动物绝大部分应当是现有圈养种群人工繁育出的后代，仅有少部分是因残疾、疾病等因素无法适应野外生存而被救助和收容的个体。选择将救助的野生动物放归野外，而不是圈养起来收为己用，是一个现代动物园该有的良心和正确价值观。只有在这个前提下，才能建立完整的救助体系——从制度，到设施，再到人才。

法律上，如何处置野生动物也是一件有法可依、有法必依的事情。

于理、于情、于法，这只雪豹都应当早日野放回家。

未来何处

中国是雪豹大国，而且中国的雪豹也确实分布广、数量多。我们会看到三江源、天山、祁连山纷纷说自己这里雪豹密度最高……这些地方的雪豹，都没有面临最糟糕的保护问题：栖息地消失、盗猎。然而，在一个物种的分布区边缘，保护形势要严峻得多：这些地方的栖息地和猎物条件大多不甚理想，物种种群也通常是小而孤立的，这就是内蒙古雪豹的真实现状。

全球 60% 的雪豹栖息地位于中国，然而根据中国雪豹保护网络在 2018 年发布的《中国雪豹调查与保护报告》，即使是在国内研究比较集中的 5 个雪豹主要分布省区（新疆、甘肃、青海、西藏、四川）里，也只有 1.7% 的栖息地得到了针对性种群调查。已调查面积最大的青海，实际调查的覆盖面积也不过 14 680 平方千米（占青海雪豹栖息地总面积的 4.44%）——还没有北京市大。而在内蒙古，21 762 平方千米的潜在栖息地，没有开展任何正式调查。

我们正在留意和关注雪豹，但要想真正了解雪豹，仍需要长期工作。

在各方的努力下，2021 年 9 月 22 日，这只突现于四子王旗的雪豹最终在贺兰山被放归。它在贺兰山生活得非常滋润，跟踪项圈的资料显示，这只雄性雪豹几乎每隔三天就能够捕到一只岩羊，并且每日活动频繁，少则三五千米，多则十余千米——这说明它很强壮，也很出色，正在游荡，试图建立自己的新领地。

它最终会在贺兰山中建立领地，接着成家立业，在这片东部边缘的分布区打下自己的江山，将雪豹的血脉继续传承下去……

从亚洲东北部的针阔叶混交林到非洲南部的稀树草原乃至阿拉伯半岛的沙漠边缘，人们都曾见过一种美丽的大猫——豹（*Panthera pardus*）。它金色的皮毛上布满花环状的黑斑，因此也被形象地称为花豹或金钱豹。

在中国，豹是分布最广的大猫：在寒冷的东北丛林里，东北豹与东北虎共享家园；在崎岖的华北山地，华北豹占据了从燕山、太行山、六盘山到秦岭的广大区域，并一直延伸到西南的横断山脉；在青藏高原，豹甚至还与雪豹比邻而居；在云南南部的热带雨林和西藏喜马拉雅山脉南坡的森林里，偶尔还会出现印支豹和印度豹的身影。

今天，豹已经从很多历史栖息地中退出，但凭借着强大的适应能力，豹的种群还相对庞大。随着保护力度的加强，它们有望在未来再次繁荣兴旺。

LEOPARD

豹

LEOPARD

豹

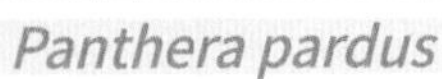

演化与分类

豹是一种大型猫科动物。最早的豹大约出现在 400 万年前，最近的遗传学研究表明，豹起源于非洲西部，最终扩散并演化成了今天的 9 个豹亚种：非洲的非洲豹（*P. p. pardus*）、中东地区的阿拉伯豹

中文别名：金钱豹 / 花豹

体重
♂ 20 ~ 90 kg
♀ 17 ~ 42 kg

体长 90 ~ 150 cm

尾长 51 ~ 101 cm

◀ 毛色鲜艳的华北豹。宁夏六盘山国家级自然保护区、复旦大学、猫盟 / 供图

（*P. p. nimr*）、中亚地区的波斯豹（*P. p. tulliana*）、南亚次大陆的印度豹（*P. p. fusca*）、东南亚的印支豹（*P. p. delacouri*）、中国的华北豹（*P. p. japonensis*）、中国东北至俄罗斯远东地区的东北豹（*P. p. orientalis*）、斯里兰卡的斯里兰卡豹（*P. p. kotiya*）、爪哇岛的爪哇豹（*P. p. melas*）。在 50 万 ~ 70 万年前，非洲豹向亚洲进行了一次明显的扩散，此后这两个大陆的豹在演化过程中交流甚少，以至于亚洲的各个豹亚种和非洲豹的基因差异相当于棕熊与北极熊的差异。但鉴于豹拥有强大的适应能力和扩散能力，因此亚种的划分往往是模糊和暂时的，亚洲的一些豹亚种之间可能并没有太明显的差别，也有一些观点认为部分亚种应该合并。

形态

豹体型中等，成年豹体长 90 ~ 150 厘米，尾长约为体长的 2/3。各地的豹体型差异很大，中亚、非洲的豹体型较大，阿拉伯半岛、斯里兰卡的豹体型较小，中国的豹体型居中。

豹的毛色总体为黄底上密布空心环状黑斑，这种斑纹形似中国古代钱币，因此豹在中国被称为金钱豹。不同地区的豹斑纹大小有差别，某些地区的个体也会出现类似美洲豹的内有黑点的大斑。底色的黄色深浅也各不相同，一般来说，越接近热带地区的豹，其底色越

◀东北豹体色明显较浅。汪清国家级自然保护区/供图

深，接近橙色。非洲和亚洲的雨林地带还会出现黑色的豹，但事实上，它们身上依然有隐约的黑斑，只是底色变成了黑色。

分布与栖息地

豹是豹属大猫的5个成员（虎、豹、狮、美洲豹、雪豹）中分布最广的一员，其分布范围从亚洲东北部直到非洲南部，也是世界上除家猫以外分布最广泛的猫科动物。但是，豹的栖息地在全球范围内都呈现破碎化和减少的趋势，北非、西非、中亚、阿拉伯半岛以及中国南方的豹都已经非常罕见或已经灭绝。

中国分布有4个豹亚种——华北豹、东北豹、印支豹、印度豹，是世界上同时拥有豹亚种最多的国家，其中华北豹仅分布于中国。

历史上，豹广泛分布于中国除新疆、海南、台湾以外的所有省区，而今天，中国大多数地区的豹都已经消失了。目前中国已知的豹主要分布于以下几个区域：东北豹分布于中国与俄罗斯、朝鲜两国的边境地带；印度豹主要分布于西藏的珠穆朗玛峰地区；印支豹在云南南部边境还有少量记录；华北豹主要分布在山西—河北—河南的太行山、吕梁山、太岳山和陕西—甘肃—宁夏的子午岭、秦岭、六盘山等山脉，均以一些相对独立的小种群为单位；最大、最连续的豹种群出现在四川西部—西藏东部—青海南部的横断山脉，这片面积超过 10 万平方千米的栖息地可能生活着数百只豹，最新的研究认为，这些活跃在 3000 米以上高海拔山地的豹可能也是华北豹。

豹对环境的适应能力非常强。它能够忍受俄罗斯远东地区冬季零下 30 摄氏度的低温，也能够在沙漠里 50 摄氏度的高温下活动。从海岸线边缘的丛林到喜马拉雅山脉海拔 5000 米的高山，都有豹活动的踪迹。总体而言，豹属于森林型动物，其生境选择包括从北方针阔混交林到南方热带雨林在内的各种森林，以及稀树草原、灌草丛等植被类型。青藏高原的豹甚至会到海拔 4000 米以上的高山草甸和石山地带活动，当然它们并不会离开森林太远。

食性

豹是严格的食肉动物，与其广泛分布相对应，其猎物类型在所有猫科动物里也是最多样化的。其食谱可能包括超过 200 种动物：小到鼠类、两栖爬行类，大至体重数百千克的鹿、大羚羊，以及一些家畜都可能成为豹的猎物。但豹通常以 15 ~ 80 千克的中型有蹄类为主

◀ 华北豹最爱的食物——狍。猫盟 / 供图

要猎物，每个地区的豹都会选择当地数量最多的 1 ～ 2 种中型有蹄类作为主要捕猎对象。中国北方的豹以狍、野猪为主要猎物，蒙古兔也是其重要的食物来源，特别是对于母豹来说；四川、云南的豹则以毛冠鹿、赤麂、中华斑羚等为主要猎物，林麝、中华鬣羚和岩羊也是其目标。

豹捕猎时通常采用伏击战术。它会潜伏着接近猎物至距离目标 10 米左右，然后才突然发动攻击。有时它也会躲在猎物可能经过的地方，待猎物出现时发起袭击。在对付一些强壮的猎物，如野猪时，豹也可能长距离跟踪猎物，并伺机捕捉。

豹通常抓住猎物并咬住其喉咙或口鼻使其窒息而死，有时豹也会捡拾或抢夺其他动物的猎物为食。对于一次吃不完的猎物，豹往往会多次返回进食，但在存在人兽冲突的地方，豹在受到惊扰后可能会放弃猎物。

历史上，很多地区都发生过豹袭击人的事件，但这并不常见，大多数时候豹会主动避开人类，袭击人的豹可能在生理或心理上存在一些问题。

豹的活动能力很强，善于在树上活动，这使得豹既可以捕捉树上的猎物，如猴子、猩猩等，也能够通过上树或把猎物拖上树来躲避狮、虎、豺狗、豺等竞争者。

习性

豹是独居型动物，其家域范围可能从十几平方千米到上千平方千米不等，这取决于当地猎物的密度，以及人为干扰的程度。通常，一只雄豹的家域会覆盖一只或几只雌豹的家域，同性之间会互相排斥对方进入自己的领地，但它们的家域边缘有时会有重叠，不同的豹可能通过时间上的回避来共用那些重叠的家域。山西太行山区的研究表明，一只稳定的成年雄豹的家域面积可达 200 ～ 300 平方千米，一只雌豹的家域也能达到 150 平方千米。

除了捕猎，豹会花很多时间巡视自己的领地。它们会在一些明显的大树、兽道、岩石等位置留下领地标记。通常，它们会在树皮上用前爪反复抓挠留下痕迹，或在松软的草地上用后腿反复蹬踏，形成刨坑。粪便和尿液也是它们宣示主权的方式。

豹全天都会活动。在一天中豹可能有几个活动高峰期，通常是黄昏和早晨，这往往取决于它们主要猎物的活动规律。

豹没有固定的繁殖期，但会因当地气候、猎物情况而出现繁殖高峰期，例如在山西太行山，华北豹每年春季和秋季各有一次繁殖高峰期。通常，野生情况下，母豹每胎产崽 1 ～ 3 只，太行山的华北豹通常每胎产崽 2 ~ 3 只。母豹会独自抚养幼豹，12 ~ 18 个月大时，幼豹开始独立生活，它们会逐渐离开自己的出生地，建立自己的领地。小雄豹往往会扩散很远，而小雌豹则可能就待在妈妈的领地附近。在没有天敌、猎物充足的地区，幼豹的成活率很高。

豹在野外的寿命可能为 14 ~ 19 年，但大多数豹并没有机会寿终正寝，它们多半会意外死于竞争打斗、疾病、受伤或人为因素。在太行山区，雄性华北豹的寿命可达到 13 年，雌豹也可达到 9 年以上。

▶ 先后出现在同一个红外相机前的雄豹（上）和雌豹（下）。猫盟 / 供图

▲一只华北豹在草丛中用后腿蹬踏，这是在标记自己的领地。猫盟 / 供图

▲另一种标记领地的方法——在树皮上抓挠。猫盟 / 供图

种群现状和保护

除了非洲豹和印度豹，其他 7 个豹亚种大多处于易危、濒危或极危状态。据估计，阿拉伯豹和东北豹均少于 200 只，爪哇豹少于 250 只，斯里兰卡豹和波斯豹均不到 1000 只。

在中国，目前豹的种群数量缺乏准确的调查数字。一些有针对性的调查表明，通常在 800 ~ 1000 平方千米的范围内，一个相对健康的豹种群在 1 ~ 2 年的调查中会被红外相机拍摄到 20 ~ 30 只个体，其密度为每 100 平方千米 1 ~ 2 只。但这样的健康种群并不多见。

导致豹数量减少的原因很多。栖息地减少、破碎化和猎物不足是最主要的因素，由人兽冲突、毛皮和器官交易引发的盗猎等人为因素也是豹不断减少的重要原因。在中国所有豹的分布区，都会因豹捕食家畜而导致人豹冲突，人类的报复性猎杀也成为历史上导致豹数量减少的一个重要原因。

目前，豹在中国被列为国家一级重点保护动物，盗猎被严格禁止，报复性猎杀现象通过生态补偿等方式得到了很好的扭转，国家也建立了一系列保护区来保护豹的栖息地。但栖息地减少、破碎化和猎物不足仍是中国大多数地区的豹种群所面临的主要生存威胁。同时，对豹的习性研究和种群调查的不足，导致目前的保护区并不足以给豹提供足够的栖息地，许多豹活动于保护区或国家公园之外。不过，随着猫盟等保护组织和机构对豹的持续关注，这些问题有望得到改善。相对于分布区与东北虎重叠的东北豹和分布最广、最受关注的华北豹，其他地区的豹可能更加欠缺保护，比如云南边境的印支豹就已经岌岌可危，很有可能步印支虎的后尘而从中国土地上消失。

总的来说，相比于其他大猫，针对豹的保护仍然相对缺乏。虽然被列入保护名录，但在全球范围内豹都没有成为热点保护物种。但作为一种分布广泛的大猫，豹的保护价值不言而喻，有待更多的保护力量持续关注。

“华北豹之乡”——和顺的豹家族

▲跃上“荣耀石”的华北豹 M2。猫盟 / 供图

这是张所有人看到后都会激动的照片：一只黄金雄豹抬起强健的前肢，正准备跃上岩石；它的尾巴骄傲地卷起，彪悍的身体显示出强大的自信；远方的背景中，针阔混交林覆盖着太行群山。

这里是位于中国内陆的野性之地。在那片华北大地的森林里，存在着一个由豹统治的“帝国”，这里就是“华北豹之乡”——山西和顺。在这里，各领风骚的豹上演着一出出爱恨情仇，而猫盟的红外相机见证了这一切。

黄金之王：M2

跃上岩石的雄豹名叫 M2，是这里的豹王，那块地方是它的“荣耀石”。

10 年前，M2 第一次闯入猫盟的镜头，那时它还是只刚刚独立的小雄豹，满脸稚气。同时期，森林里还有其他雄豹：M1 是老豹，余威尚存的王者，经常“出镜”巡视疆土；M3a、M3b 是年轻的兄弟俩，还未习惯独自行动，常常协同作战，捕猎亚成年野猪。

然而，在豹的世界里，即便是兄弟，合作也注定短暂。雄豹领域性极强，它们会捍卫自己的领地，赶走其他雄豹，并将雌豹视为自己的私有财产。数年间，有七八只雄豹来过此地，但都很快消失了，只有 M2 一直坚守着自己的领地。渐渐地，镜头里的 M2 耳朵缺了、鼻子豁了，与同类打架落下的伤疤成了它荣耀的勋章。

M2 无所畏惧，最终成为这里唯一的王。

M2 最鼎盛时的家域达到 283 平方千米。而真正让人们意识到 M2 的强大的，是在一处偏僻山谷的尽头横陈林中的一具成年雄性野猪残骸，那巨大而弯曲的獠牙以及头骨的长度表明它的体重或许接近 100 千克。根据附近的红外相机的记录，基本可以确认这只野猪是 M2 猎杀的。

若非身强体健，豹一般不敢轻易挑战成年野猪，更何况是完美的、有计划的绝杀。

M2 没有采取惯用的偷袭战术，它以毫不遮掩的姿态出现在野猪身后，不攻击，但一直尾随。野猪害怕了，它开始躲避、试图甩掉这个危险的猎手，但 M2 紧紧跟随，因为它知道野猪的弱点——杂食性的野猪并不能长时间不进食。

▶ 耳朵有豁口的 M2。猫盟 / 供图

在 M2 的高压追踪下，紧张的野猪不敢停留进食。它一直在逃，体力被逐渐消耗，于是它本能地往山下跑，沿着一条狭窄的沟谷往深处逃窜，直到把自己逼入沟谷的尽头——三面都是崖壁的绝地。

此时，除非它能攀上石壁，爬上山坡，否则它已无路可退。它试了几次都失败了，长时间的紧张和饥饿已经耗尽了它的体力。

M2 出手了。

绝望的野猪耗尽了最后一丝力气，倒在溪水中。M2 尖利的犬齿穿透粗厚的猪皮，切断了猎物的咽喉。这只野猪太大、太重，以至于 M2 都无法将其从水中拖到草地上。

然而，野猪的头骨却是在几十米外发现的。我们不知道 M2 为什么要单独叼着野猪的头颅离开，也许这正是它荣耀的象征。

“高冷”的挑战者：M4

M4 是一名东游而来的雄性挑战者。

2016 年 2 月，这只年轻的雄豹从镜头前一闪而过，身披冬毛，非常强壮。这个地方也是猫盟最初看到豹王 M2 的地方，此后 M4 一路东征，最终打下了自己的江山。

2016 年 11 月 14 日，M4 被拍到和雌豹 F7 亲热，面对来回走动、热情似火的雌豹，它不为所动，看起来十分“高冷”。一直到 2017 年 7 月，M4 又出现在猫盟新开辟的监测区域中，这里比之前更偏东，有狍、野猪，还有两只雌豹和一只日渐衰老的雄豹。这让 M4 已知的东西向活动距离达到 35 千米——相当于横穿北京五环还不止。

M4 的东游恰恰是一只成年雄豹扩散并建立领地的过程，其间，它盘桓于道路两侧的山谷和山梁，至少要穿越两三次公路，并途经无数村庄。M4 在此栖居，四处探索，并最终拥有了自己的家庭：与雌豹交配意味着它已从 M2 手里横刀夺爱，有了自己的配偶，从一只游荡个体变为一只定居个体。

而这也展现出豹强大的适应能力：只要猎物足够丰富，人类不加以伤害，它们足以应付环境的变迁，并与人类为邻。

▲红外相机第一次记录到 M4。猫盟 / 供图

不过 M2 暂时还是这里的王者，过去几年里，它稳固地占领这片疆域，鼻梁和耳朵上留下的疤痕，是它为守住领地而付出的代价。然而，自从 M4 到来，M2 的活动范围向西退缩了一块——它俩的活动区域虽然还会交叉，但总体来说已经划出各自领地的边界。M2 似乎已经承认了这个新邻居的存在，虽然它一定不情愿。

对豹种群的健康繁衍来说，这是好事儿。总要有年轻强壮的新鲜血液来确保种群的活力，旧王迟早要被新王取代，M4 或许就是这么一位“高冷”的挑战者。

“绝代艳后”：F4

2014 年 3 月 19 日，红外相机捕捉到一只大着肚子的雌豹，自带一种英雄母亲的气质。它就是太行山的“绝代艳后”——雌豹 F4，这是它第一次在镜头前亮相。

2014 年，这里被 M2 统治着，我们有充分的理由猜测，当时它怀着的是 M2 的骨肉。

◀怀孕的F4。猫盟 / 供图

◀从2015年8月8日开始，在这个机位前，F4徘徊了3天。猫盟 / 供图

F4几乎不错过任何一次繁殖的机会。2016年3月16日，F4又带着两只四五个月大的小豹从红外相机前经过。有意思的是，就在7个月前，从2015年8月8日起，F4接连3天徘徊在同一个红外相机前。在猫盟多年的监测中，也只记录到这么一次豹连续几天停留在一个地方的情况。结合后面F4带小豹的时间，当时应该正好是它发情的时候。而在距离这个点位仅4千米的地方，2015年8月7日，出现了豹王M2的身影。4千米，对于豹来说简直不叫事儿。于是我们可以愉快地猜想，2016年3月F4带着的那两只小豹很可能也是M2的后代。

不过值得注意的是，随后这只雌豹和它的孩子们消失了，直到2016年12月15日，F4才孤身返回了自己的领地。

这是因为新的王位竞争者——雄豹 M4 出现了。这几年中，M2 的活动区域向西退缩，M4 的身影开始更多地活跃在这里。它们对这块地盘展开了激烈的争夺，同时，被争夺的还有这里的雌豹——F4。

试想一下，即将成年的小豹如果遇到 M4 会是什么景象？ M4 大概不会对这两只 M2 的后代多么友善，而两个年轻的小家伙也不可能是强壮的 M4 的对手。为了避免冲突，聪明的母亲只好带着孩子远行回避。

又或许那次远行并不仅是一次单纯的回避。小豹长大后，雄性要出去闯荡，建立自己的领地，雌性则会生活在母亲的领地附近，获赠母亲领地中较好的一块。两只 1 岁大的小豹也可能是被母亲带到了一块理想的区域，开始独自面对生活了。

后来，2017 年 4 月 6 日，出现在红外相机前的 F4 又怀孕了，这一次，它肚子里孩子的父亲也许是 M4。

▲跟着妈妈 F4 出远门的小豹子。猫盟 / 供图

脆弱而坚韧："华北豹之乡"的豹子们

凭借自己的凶猛和聪慧，M2、M4 和 F4 一直生活得游刃有余，除了在面对人类的时候。

M2 和 M4 似乎都不愿意回到猫盟最初记录到它们的那个山头。从 2012 年起，那片山林就一直在修防火道，不间断的道路施工使得该区域豹的拍摄次数骤减，而在此之前，那里拍摄到的豹个体是最多的。显然，人类的干扰让它们避而远之。

在那个山头之外，两座城市也在迅速地扩张，人们在山林开挖矿产，农田变成建设用地。这些大张旗鼓的建设都需要时间，而野生豹的寿命是 10 ~ 12 年，很难说到下一次王位更替的时候，和顺的豹帝国是否还存在。

放牧造成的人兽冲突也成了问题。每年春季，大量的肉牛被赶上山，并在山上生下牛犊。成年肉牛体重达 150 ~ 200 千克，豹不会冒险去捕捉这些庞然大物；但是初生的牛犊体型与狍相仿，且完全没有抵抗能力，于是豹开始"痛下杀手"。遭受损失的农民无可避免地被激怒，有些选择克制和沉默，有些则选择消灭豹，以绝后患。他们知道豹会往返多次来吃自己杀死的猎物，便在牛的尸体里下毒，许多豹因此丧生。其中包括 M2"后宫"中的一只雌豹，以及它的几个孩子——雌豹需要大量吃肉，还会带着小豹共同进食。

悲剧悄悄地发生，山林依然宁静，一些美丽的生命却已经默默消失。即使是山林中的王者，也难逃脆弱的命运。

好在"华北豹之乡"和顺的人们还是关心这些野生豹的。他们组织"老豹子"巡护队，推广"豹吃牛"补偿，尝试使用科学方法防御野猪，从而为豹保存口粮。乡亲们为了与豹共存，正不断适应和努力着……一个所在的村子距离 F4 活动区域不超过 2 千米的大姐说："我们这里的人都知道，豹子是君子，你不招惹它，它就不招惹你。"

2016—2020 年，猫盟一共在山西和顺地区监测并识别出 108 只华北豹。而在这一片和顺山地，4 年间已经有一半的豹变换更迭，雌

▲ M2 沿着山脊的岩石边缘跃下，这是它很喜欢的一条小路。猫盟 / 供图

豹方面，还剩下 F2、F7、F8、F9、F17 和 F20 共 6 只，先后有 44 只小豹在这里诞生并扩散。

王位之争的结局是，M4 没能成功挑战王位，F4 也消失了，M2 的身影最终定格在 2019 年的冬季，它的“荣耀石”现在由另一只更健壮的雄豹 M12 接管。据说 M2 与 F4 的女儿 F8 也还在。它们活得坚韧而自在。

豹帝国依然繁荣。希望在未来，不管王位如何更迭，这种繁荣都能一直延续下去。

六盘山——最丰富的猎物养出最胖的豹

在中国地势第二、第三级阶梯交界处的太行山脉，山西和顺的“荣耀石”见证了一个繁荣的豹帝国。而深入第二级阶梯腹地，六盘山拥有更优越的植被和更少人类干扰的环境，这里的豹过着养尊处优的生活，对个体来说，这里或许更像华北豹的理想家园。

胖豹现身

在处理六盘山的红外相机数据时，一只格外胖的雄豹出现在画面里。数据显示，在 2019 年冬季，即科考队第一次来六盘山安装红外相机的时候它就在这里。截至 2021 年 6 月，拍到它的点位有 8 个，活动面积覆盖 100 多平方千米。

▲胖得略显笨重的豹。宁夏六盘山国家级自然保护区、复旦大学、猫盟 / 供图

可以看出，它是非常有优势的定居个体，拥有相当大的领地，而且它很健康，没得疝气，是凭实力吃胖的。豹为什么能长这么胖？猫盟负责人大猫对此很感兴趣。

豹属于主动捕猎型的食肉动物，而捕猎需要敏捷、速度、力量，因此豹不会像熊那样堆积大量的脂肪，而是往往给人协调、匀称、强健的印象。

根据分布地的不同，雄豹的体重为 20 ~ 90 千克不等，也有些个体（非洲南部的豹、印度豹、波斯豹等体型较大的亚种）能达到 91 ~ 96 千克。华北豹体型与东北豹接近，并不属于体型最大的亚种。

从体型估计，六盘山的这只雄豹体重超过山西和顺的所有雄豹。要支持一只华北豹长得这么胖，背后至少有两个前提：1. 六盘山的猎物非常丰富；2. 这只豹的竞争力非常强（或是当地缺乏竞争）。

野猪 vs. 狍：谁是最佳食物？

六盘山就像秦岭山脉向北插入西北干旱区的一根绿色犄角。独特的气候、地形和植被，使这里成为关键的动物迁徙扩散通道，因此在这里能同时看到南方和北方的物种。

截至目前，安装在六盘山保护区的红外相机已经记录到 7 种有蹄类，包括中华斑羚、中华鬣羚、狍、小麂、林麝、毛冠鹿、野猪，其中狍、野猪、中华斑羚为华北典型有蹄类。此外还有 10 种食肉类：豹、豹猫、赤狐、黄喉貂、猪獾、狗獾、黄鼬、香鼬、伶鼬、果子狸，其中鼬科动物尤为丰富。

豹的食谱非常宽泛，但要满足豹的生存，必须有 1 ~ 2 种中型有蹄类（体重 15 ~ 80 千克）作为主要猎物。例如在很多地区，狍就是豹的首选猎物。六盘山的有蹄类构成比较复杂，到底谁才是豹的主要猎物呢？以六盘山第一期和第二期调查结果的相对丰富度指数（RAI，即用一个物种被拍到的次数除以总的相机工作天数得出的相对值，该数值越大表示数量越多）来评估有蹄类的密度，可以发现，六盘山数量最多的有蹄类是野猪（RAI ＞ 5），其次是狍（RAI ≈ 2），

◀六盘山的林麝。宁夏六盘山国家级自然保护区、复旦大学、猫盟 / 供图

◀六盘山的狍。宁夏六盘山国家级自然保护区、复旦大学、猫盟 / 供图

剩下几种有蹄类的 RAI 基本都在 1 或 1 以下。相较于其他已知的华北豹种群所在的地区，六盘山的狍等中小型有蹄类的丰富度明显有点儿低。但六盘山和太行山不一样的地方在于：野猪更多。

虽然现在还缺乏对六盘山华北豹的食性研究，但根据猎物的丰富度来看，野猪可能是它们的主要猎物。事实上，在六盘山开展野外工作时，几乎每天都能看到野猪，但狍却只看到寥寥数次；而在山西，狍的遇见率更高。造成这种差异的重要原因之一，可能在于六盘山地处宁夏回族自治区，这里的居民因宗教信仰不会将野猪作为狩猎对象，而山西的野猪显然面临来自人类狩猎的压力。

所以，六盘山的豹和太行山的豹在猎物选择上存在差异：六

▶六盘山的黄鼬。宁夏六盘山国家级自然保护区、复旦大学、猫盟 / 供图

▲六盘山的黄喉貂。宁夏六盘山国家级自然保护区、复旦大学、猫盟 / 供图

盘山豹的猎物更加多样，并且捕猎野猪的概率更高。传统观念认为捕猎野猪对豹来说风险较高，因此豹不会倾向于以野猪为主食。但就算在野猪密度不高的和顺，也曾数次拍摄到豹追逐野猪，并多次发现豹吃剩的野猪残骸，这说明豹至少有能力捕杀野猪幼崽或亚成体。

也许对六盘山的豹而言，捕猎野猪的成本并没有我们想象的那么高：野猪的繁殖能力很强，这里有充足的半大小猪供豹捕食。所以我们有理由推测：如果六盘山的豹真的以野猪为主要食物的话，它们的体型或许普遍比太行山的要大一些。这也能解释为什么六盘山会出现这么一只胖豹。

◀六盘山的野猪。宁夏六盘山国家级自然保护区、复旦大学、猫盟 / 供图

强者通吃

即使食物充足，但如果竞争激烈，一只豹也没有机会吃得太胖。但在六盘山，胖豹显然是难逢敌手的最强者。

华北豹是六盘山最大的食肉动物，它的主要竞争对手——狼至今还未在六盘山出现过，六盘山也不像秦岭有熊，甚至曾经存在的金猫似乎也已经消失，其他食肉动物，如豹猫、黄喉貂都没有实力与豹竞争。所以，华北豹在六盘山是独一无二的食物链顶端物种。

而在同类中，这只胖豹也拥有极强的竞争力。

豹是领地型物种，它的食物、繁殖资源都来自自己建立的领地。豹会守护自己的领地，将其他同性个体赶走，以保障自己的生存资源。这只胖雄豹的活动范围很大，在一年内，它几乎占据了监测网格里最好的栖息地，这充分说明了它的强大。随着监测数据的积累和个体识别工作的持续推进，我们将会看到胖豹在六盘山华北豹种群里的地位（它的家域到底有多大，以及领地范围内有多少只雌豹）。

居安思危

从胖豹目前呈现出的活动范围来看，它安乐的生活也揭露了一个问题：六盘山狭长的地形，可能并不利于华北豹种群的扩散与交流。

当一只雄豹沿着主山脉建立起纵向的领地后，留给其他雄豹的空间就不多了，豹的扩散可能也会变得困难重重。这一点太行山和六盘山截然不同：太行山横向宽度很大，山体总体平摊，对一个豹种群而言，它们有足够的空间形成相对均匀的分布；而六盘山这种地理特征和地形，加上大型猛兽的领地习性，往往会对种群扩散起到阻隔作用。

六盘山豹的家域问题值得继续关注：六盘山狭长的地形是否会限制其种群数量？六盘山的豹在这样的地形中，种间交流是怎样的？这都是未来有待探索的问题。

可以确认的是，这只胖豹在六盘山确实处境优渥。胖豹的出现应该是一件好事儿，至少这在很大程度上说明六盘山的保护很到位，猎物非常丰富，这是胖豹能够凭实力吃胖的关键因素。

而这也正是人们保护华北豹所希望看到的：豹养尊处优，享有一片不被打扰的荒野。

◀在六盘山森林边缘行走的豹，背景中可以看到不远处的城市。宁夏六盘山国家级自然保护区、复旦大学、猫盟 / 供图

北京——带豹回家

1862年，大英博物馆收到一张购自日本的豹皮，博物学家约翰·爱德华·格雷（John Edward Gray，1800—1875）认为这是一个新物种，将其命名为 *Leopardus japonensis*，意为“日本豹”。然而日本并不产豹，因此这张豹皮很可能出自中国华北地区。1867年，格雷又根据一个采集自北京西部山地林区的头骨命名了一个物种：*Leopardus chinensis*，意为“中国豹”。同年，英国外交官和博物学者郇和（Robert Swinhoe，1836—1877）在汇总中国的兽类物种时认为，格雷命名的这两个物种其实是同一个物种，将其合并为 *Leopardus japonensis*，这就是我们今天所说的华北豹。可以说，从命名之初，华北豹就与北京有紧密关联。

然而，100多年后的今天，华北豹已经从北京消失了。为了让华北豹回到家乡，一群年轻人正在为此努力。

前缘

2009年2月15日，猫盟创始人大猫和老蒋第一次结伴在北京进山找豹。

怀柔长哨营村口的老汉王凤岐带他们上山，他很熟悉山上的动物，一边走一边回忆当年遇到豹的经历。

“不能有豹子啊，要（是）有，我上山得遇见它……”

“七几年的时候吧，就（在）水库那边（的）山上，石砬子缝里掏出来过小豹子。后来在长哨营那边，（小豹子）让人用烧红的铁筷子给戳死了……”

“那时候狍子多着呢，我大清早上山随便溜达，总能看到三五个（只）的，”王老汉又说，“现在水库两边山上加起来可能也就五六个吧。”

此时，大猫他们还没能明白为什么王老汉觉得不会有豹，明明新闻上说“来吃羊了”。

▲大猫（左）和老汉王凤岐（右），王老汉现已去世多年，他对山和山上的动物都很熟悉。老蒋 / 摄

后续

2017 年 4 月，凭借山西华北豹保护项目的多年积累，猫盟正式发起“带豹回家”项目。

2020 年 8 月 8 日，周六。

一晴忽然在群里“嚷嚷”了一句“驼梁的豹子！”，并发了个“桃心眼”的图片表情。

她发了一段视频，画面中，绿树成荫的夏季山谷颇有几分热带雨林的感觉，一只华北豹正从镜头前从容走过。从这只豹倒三角的体型和大脑袋来看，它是一只雄豹。也就是说，自从猫盟持续看到那只从山西来到河北的雌豹大约一年后，他们又看到了一只雄豹。

这是一个惊喜，标志着豹回到河北驼梁了，而驼梁正是“带豹回家”项目设计的华北豹回家之路上的一环。

在红外相机的见证下，太行山脉的华北豹正在按照自己的神秘规律有条不紊地向外扩散，荒野正在慢慢恢复，猫盟在“带豹回家”的路上又前进了一小步。

失去了华北豹的北京

为什么是“回家”？因为华北豹的模式标本采自北京西部的山区，北京是它的老家。

在中国，有 4 个豹亚种，其中华北豹是中国独有的亚种，也被冠以“中国豹”之名。

▲正在标记领地的华北豹。猫盟 / 供图

曾经，华北豹遍布整个华北地区，但由于栖息地丧失和非法盗猎，华北地区的华北豹目前仅在太行山、吕梁山、子午岭、秦岭、六盘山等山脉中仍有少量孤立种群。最近有新闻称，西藏洛隆的豹也是华北豹，如果鉴定无误，那么四川、青海以及西藏东部的豹应当都是华北豹，它们的过去比我们想象的更为荣耀……

但北京如今没有豹，这才是事实。

1997 年，北京做了首次陆生野生动物资源调查，带队的是首都师范大学的高武教授。资料显示："1998 年 8 月 17 日，调查队来到云蒙山区一个叫梧桐豪的地方，这里两山夹一谷，峭壁悬崖，林木丛生。按照调查规程，当天要调查大约 5 平方千米内的野生动物，队员们确立了路线，便从东北向西南穿行峡谷，走了大约半个小时，有队员突然发现林间有异样的动物足迹。高武教授上前仔细观察，地上的动物足迹是梅花形，四个脚趾印加上一个掌垫痕迹，这无疑是大型猫科动物中的豹！"

后来在一篇访谈中，高武先生做了如下描述："（20 世纪）80 年代后期到 90 年代初期，北京陆续报道了很多发现豹子的地方，人们通过不同的手段获得了豹子的标本，有的是误伤，有的是自己掉在水里淹死的。后来很长一段时间，从 1995 年直到 2005 年 5 月，没有任何人报道北京有豹子，这 10 年是空白的……"

后来陆续有人说在京郊拍到了豹的脚印，然而爪尖的痕迹暴露了脚印主人的身份——只是狗狗而已。

北京的豹没了，但也许我们可以指望其他地方的帮助。

带豹回家——路在何方？

"带豹回家"，首先得找到有豹的地方，这个地方就是山西。

以豹之名，修复华北荒野，让华北豹从山西到河北（驼梁—小五台）再到北京，沿太行山脉自然扩散，重新回到北京老家。这就是"带豹回家"项目发起人设想的华北豹的回家之路。

有人问："为什么不是燕山？"燕山目前并没有发现华北豹的

稳定种群，这里仅有偶尔出现在新闻上的零星个体，而山西拥有离北京较近且稳定并持续扩散的豹种群。又有人问："大老远的，哪儿需要那么麻烦，从山西往北京百花山'空投'一只行不行？"技术上可以，但是谁能保证豹一定能适应新环境？就算能适应，这里的食物是不是能支持它活下来呢？就算能活下来，孤立的少数个体也无法形成一个能够长期延续的种群。

当然，设想跟现实还有距离，要想让华北豹真正走上这条回家之路，成功回到北京，我们需要对这条路所在的华北山地有更多的了解。

好在"带豹回家"项目开展之后，经过 5 年的监测，猫盟获取了很多关于这条路的生态现状。

一个地方的生态是不是足够好，与森林覆盖率的关系不大，生物多样性才是反映生态状况的晴雨表。目前在这条带豹回家之路的源头——山西和顺铁桥山（位于太行山脉），红外相机可以有效拍摄并识别出 12 种典型兽类：豹、赤狐、豹猫、果子狸、猪獾、狗獾、黄鼬、狍、野猪、蒙古兔、岩松鼠、花鼠。

而在回家之路的第一站——河北驼梁（位于太行山脉），有 13 种兽类：豹、赤狐、豹猫、果子狸、猪獾、狗獾、黄鼬、狍、野猪、中华斑羚、蒙古兔、岩松鼠、花鼠。

再往前走，到离北京更近的河北小五台山（位于太行山脉），有 14 种兽类：赤狐、貉、豹猫、果子狸、猪獾、狗獾、黄鼬、狍、野猪、中华斑羚、蒙古兔、岩松鼠、花鼠、松鼠。

而在北京的东北面，内蒙古黑里河（位于燕山）有 11 种：貉、豹猫、猪獾、狗獾、黄鼬、狍、野猪、蒙古兔、岩松鼠、花鼠、松鼠。

有意思的是，看上去生态最好的山西和顺，兽类种类并不是最多的，有豹的驼梁也不是；而没有豹、距离北京最近的小五台山，却拥有种类最多的兽类。

除了种类，种群数量也是一个很重要的指标。如果以拥有豹繁殖种群的和顺为标准，狍、野猪、野兔这三种主要猎物的相对数量非常重要，这通常用相对丰富度指数（RAI）来衡量。河北境内的驼

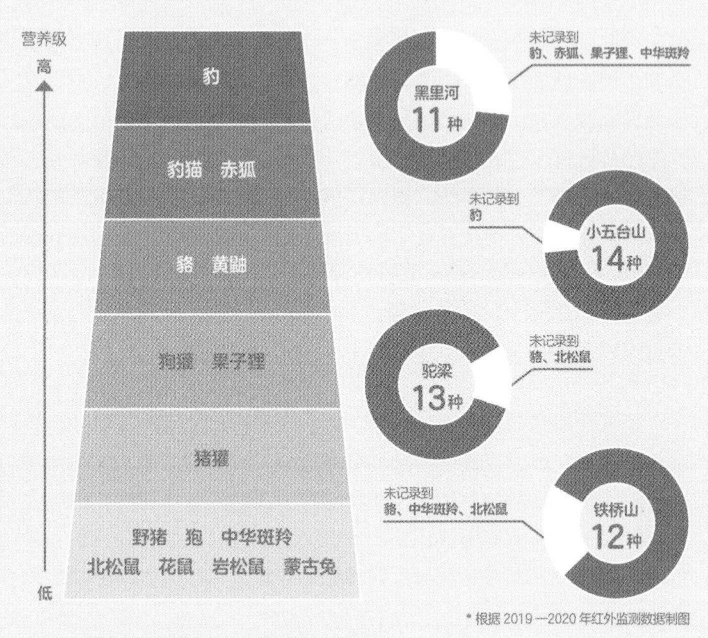

▲华北山地森林兽类分布。数据来源：猫盟

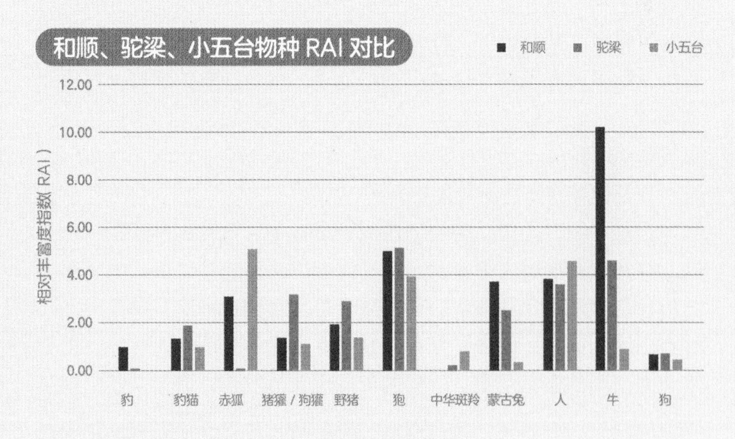

▲华北山地森林兽类 RAI 对比。数据来源：猫盟

梁、小五台山两个保护区仅从猎物种群数量的情况来看，驼梁基本达到山西和顺的标准，小五台山略差一些，但是除了野兔以外，其余几种猎物（狍、野猪、獾）与山西差距不大。因此，可以尝试把豹的分布与狍、野猪、獾、野兔、中华斑羚的数量建立起一种关系，换句话说，只有当狍、野猪、野兔等猎物的相对数量达到某个指标时，才有可能养活豹种群，并让它们健康繁殖。这也是为什么豹能够回到驼梁。只是离回到北京，路程还很长。

带豹回家——家还好吗?

根据猫盟和豹打交道的经验，豹对环境的适应能力很强，而且对人类的适应能力也很强。因此栖息地面积并不是影响北京豹生存的唯一因素。虽然北京历史上曾遭遇过毁灭性的森林砍伐，但经过多年的天然林保护和退耕还林，华北山地的森林总体上在恢复，只不过目前植被的质量距离一个理想的、能够维持较高生物多样性水平的标准还比较远。

但对动物来说，并不是树越多越好。从华北森林的自然演替来说，最理想的情况是恢复以高大的油松和栎树为主体混交而成的针阔混交林，就像和顺小南沟、胡木岭一带的森林。这种林地能提供较多食物，林下既有足够的空间供动物活动，也有足够的灌草丛以便动物躲藏……如果能够让北京山区的森林继续恢复，假以时日，这一点并非不能实现。

真正的问题还是出在人身上。

很长一段时间里，曾经泛滥的狩猎行为导致豹的主要猎物——狍、野猪等有蹄类大量减少，从而间接影响到豹的生存，同时这种狩猎也直接消灭了很多豹。即便是《野生动物保护法》实施以后，北京山区的盗猎行为依然常见：在枪支管理加强后，钢丝套、兽夹等成为主要的盗猎手段，下毒的情况也偶有发生，近年来还出现了电网这一丧心病狂的狩猎工具。不过，政府的管理和执法对打击盗猎依然是关键所在，而新冠肺炎疫情后出台的各种与食用野生动物相关的禁令，或许也能在一定程度上打消盗猎者上山的念头。

除此之外，现在上山放牧、采集和打猎的人虽然少了，但旅游、修工程的人多了，成为野生动物新的威胁——栖息地破碎化是阻碍野生动物正常扩散和进行基因交流的重要原因，道路、基建工程、旅游等都可能导致栖息地破碎化。目前，华北山区一些风景好的地区在夏季会迎来相当可观的人流量，那些靠近保护区的、林相较好的地方尤其如此，比如驼梁和小五台山都紧挨着一些风景区。在某些监测点位，“驴友”等上山旅游人群的拍摄率会随着金莲花等山花盛开而达到高峰，同时野生动物的拍摄率则会有所下降。尽管和顺的豹告诉我们，它们能够适应一定强度的人类活动，但这个承受的阈值仍需进一步探索。

▲百花山森林里的狍。这一带是北京最适合豹回归的栖息地。猫盟 / 供图

带豹回家——言外之意

“带豹回家，修复荒野”，其实后面还有一句，“修复人心”。

2017 年“带豹回家”项目开展之初，猫盟在北京交通广播做过一个节目，内容就是说说“带豹回家”这件事。当时有听众发来信息说，（在）他老家那边（北京某处），每年都能打到一些狍、野猪等野味。

当时参加节目的猫盟员工陈老湿说：“最大的问题是，大家好像不觉得这样不好。”

好消息是，现在大多数年轻人和小孩子都知道打猎是不对的，人们要爱护野生动物。然而时至今日，尽管“带豹回家”的概念已经提出了 5 年，依然有人会在猫盟的微信公众号留言或在微博上质

▲大猫在百花山上俯瞰北京郊区的山峦。猫盟 / 供图

疑：为什么要让豹回到北京？豹和人产生冲突怎么办？

第一个问题是观念问题。如果豹能回到北京，那是因为北京的环境变好了。现在很多人把去非洲看野生动物当作一项比较时髦的旅行项目，并对狮子、猎豹、大象、长颈鹿如数家珍，却对自己家门口的野生动物一无所知，很多人甚至不知道狍是一种鹿。这种现象并不合理，事实上，比起能去非洲看野生动物，自家周围的环境好到可以让豹生存才更值得骄傲。

至于第二个问题，事实上，只要人们不违法进入禁牧的林区养牛放羊，就很少会发生人豹冲突，偶尔出现豹下山捕食家畜的情况也能通过生态补偿很好地解决，毕竟豹并不会主动攻击人，人也不会真的完全放弃城市生活而住进深山老林。总体而言，在人类已经侵占过多野生动物栖息地的事实面前，随着生态的恢复，无论是东北虎进村，还是荒漠猫进机场，或是豹猫偷鸡，都绝对不会是孤例，人们应当学会与野生动物共处。

所以，在修复荒野、带豹回家之外，更重要的是在这个过程中修复人心，让人们不再把无节制地利用自然资源视作理所当然，并认识到野生动物也是与我们共享地球这个家园的不可或缺的“居民”。只有这样，回家的豹才不会再次被迫离开。

如果有一天，华北豹真的回到了北京，这也不是“带豹回家”的终点，而是新的起点……

横断山脉——豹最大的连续栖息地

2020 年 4 月 15 日 21 时 16 分，一只谨慎的豹触发了四川凉山州木里县博窝乡的一台红外相机，成为凉山州豹的首次影像记录。这是一只会被载入史册的雌豹。不管它从何而来，将去向哪里，它的出现都可能界定了中国豹现存最大的一片连续栖息地——横断山脉。

横断山脉：生物庇护所

“横断山脉”的概念最早出自京师大学堂的《中国地理讲义》：“迤南为岷山、为雪岭、为云岭，皆成自北向南之山脉，是谓横断山脉。”中国境内绝大部分山脉的走向都是东—西向或东北—西南向，而到了这一带，山脉变成了南北走向，所以被称为横断山脉。

20 世纪 80 年代初，地理学家李炳元根据地质构造和地貌状况，划定了 36.4 万平方千米的横断山脉范围。其中，由东到西 700 千米宽的范围内，岷山、邛崃山、大雪山、沙鲁里山、芒康山—云岭、他念他翁山—怒山、伯舒拉岭—高黎贡山，山山并行，摩肩接踵，平均间距只有约 100 千米。七道褶皱，由北向南，在中国西部东西走向的群山中宛如七道高墙。而在南部，金沙江、澜沧江和怒江在此形成三江并流的著名景观。近年来，荒野中国团队从旅行及历史沿革角度出发，又将喜马拉雅山脉东段、岗日嘎布山脉、念青唐古拉山脉东段、三江源东部及大小凉山区域也划入这一区域，称其为“大横断”，面积将近 100 万平方千米。

横断山脉又被称为中国西南山地，这是中国乃至全球物种多样性最丰富的区域之一。这里生长着中国 1/3 的高等植物物种，生活着中国 1/2 的鸟兽物种，是目前全球 36 个生物多样性热点地区之一。

物种的丰富度得益于这里得天独厚的气候条件。横断山脉以西，携带丰沛雨水的印度洋暖湿气流被巍峨的喜马拉雅山脉所阻，沿着横断七脉自南向北攀入青藏高原东南缘，纵贯横断山脉典型的高山峡谷，并随海拔的升高造就复杂的气候格局，进而影响动植物的演化。

▲横断山脉景观。猫盟 / 供图

由南向北，由低海拔到高海拔，从热带季雨林到极高山永久冰雪带，地球多样的生态系统在此沿着山坡层层铺展。

地壳运动造就了青藏高原南部这些高耸的褶皱，而这些高山峡谷在过去的冰河世纪阻挡了寒冷的侵袭，从而成为冰期避难所，一些物种得此庇护，比如我们熟知的大熊猫。时至今日，这里依旧地广人稀，开发程度低，保存着完整、连续的森林。

横断山脉的豹

豹，这种曾经横跨旧大陆的掠食性大猫，如今已经失去了中国东南的半壁江山，但在西南山地，它们依然在横断山脉的荫庇下繁衍至今。或许这里生存着中国连续分布面积最广、规模最大的豹种群。

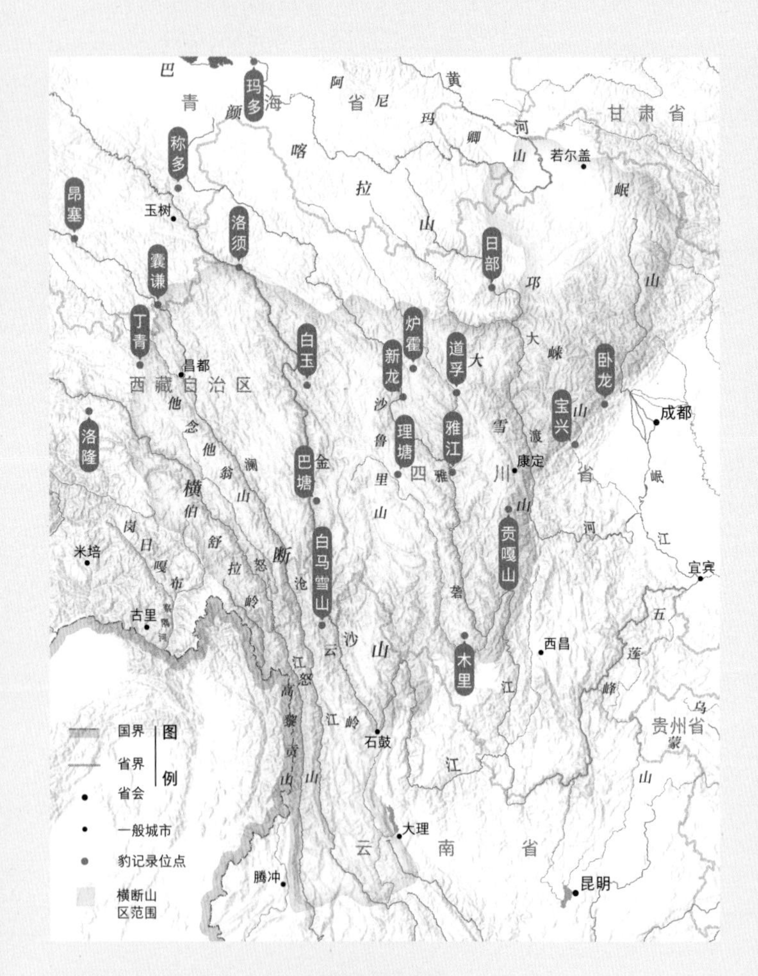

▲ 横断山区已确认的豹分布点。数据来源：猫盟

随着近年来红外相机调查的普及和数据量的快速增长，人们对中国豹种群的认识不断刷新。如果将近 10 年来中国西南地区已确认的豹记录点标在地图上，便可看出，它们正好覆盖了狭义的横断山区，并向西北沿澜沧江进入他念他翁山北部的西藏昌都腹地和青海三江源地区。

2018 年以来，该区域已经确认几个重要的豹分布点：2018 年 4 月，连接滇西北至四川甘孜已知种群的中间点——四川巴塘县竹巴龙保护区拍到了豹的繁殖家庭；2018 年 6 月，卧龙保护区的发现，预示着豹种群在邛崃山脉的复苏；2018 年 11 月，云南迪庆白马雪山保护区拍到豹，标出豹在中国分布的最南端。

这几个发现使得大横断山区豹的分布边界向南扩展了约 200 千米，并且印证了豹在青藏高原东南缘更大的连续分布区：东至阿坝汶川，北及玉树昂赛，西抵昌都丁青，最南到达云南白马雪山。而 2020 年木里的发现，则为这个豹的大分布区填上了东南一角。多年的调查显示，在这几个点界定的范围之内，沿雅砻江而下的四川甘孜州炉霍、新龙、雅江以及三江源腹地，均有稳定繁荣的豹种群。

迄今为止，西南山地已有 14 个确定的豹种群分布点。这 14 个点界定的区域，以及往外延伸的横断山区，都是豹潜在的现存栖息地。无论是面积还是人为干扰的程度，这片区域都优于国内已知的其他豹栖息地。

豹的存在对于西南的山林而言意义非凡，因为豺、狼、虎、豹等大型食肉类的缺乏已经在许多林区产生了非常糟糕的影响。国内一些研究表明，很多地方的有蹄类开始泛滥。野猪下山已经不是罕见的新闻，野猪糟蹋庄稼和伤人的事件屡见不鲜；与大熊猫同域分布的羚牛，也常有伤人的报道，并在一些地区因数量过多而对冷杉林造成很大的破坏；家畜开始不受控地蔓延至森林里。豹的回归将可能成为这些已经受到良好保护的生态系统里重要的调节因素，从而使生态系统更加健康平衡。

目前，横断山区的豹种群依然缺乏全面的调查。随着日后野外调查的进一步展开，也许发现这里一个县的豹数量大于东部一个省

▲在卧龙（上）和巴塘（下）拍摄到的豹。北京大学 / 供图

▲统治森林的豹。新龙县林业和草原局、猫盟 / 供图

的数量也不会让人感到意外。毕竟半个世纪以来，受栖息地丧失和盗猎的影响，大型动物都经历了严重的种群缩减和空间退缩，在人口密集、发展迅速的东部地区尤其如此。相对来说，西南地区野生动物的栖息地总体上是连续和完整的，这里林立的高山容纳不了太多的人口，反而给野生动物保留了更大的空间。

有趣的是，横断山区的豹几乎全部分布在大熊猫的栖息地之外。豹和高山上的雪豹一起成为青藏高原中部山地的守护者。

大猫和大熊猫，归根结底，这片区域是被“猫”保护着的。

豹与雪豹：金风玉露，何处相逢

追豹三年，圆梦东仲

2020 年一个平凡的冬日，山水自然保护中心的研究团队驾车在青海玉树州的东仲林场开展调查。土路在峡谷里蜿蜒，两侧山坡陡峭、植被茂盛，一边是灌木，另一边是柏树、云杉组成的林地。白马鸡、血雉时不时冲到车前，却难以引起大家的兴趣——这些在其他地方难得一见的珍禽，在东仲是极其常见的“走地鸡”。

突然，坐在前排的师妹大叫：“豹子！有豹子！”话音未落，研究生李雪阳立刻蹿起来趴在车窗上。果然，沟底灌丛中有一抹鲜艳的明黄色闪现，上面点缀着明显的黑色圈纹——正是她做梦都想见到的豹！从 2017 年在高原追豹以来，三年间她虽经常能见到疑似豹的粪便、爪印等各种痕迹，红外相机也拍到过很多豹的照片，但亲眼看到豹，这还是头一次。这是一只成年雄豹，见到人并不十分惊惶，只见它轻盈地沿着碎石坡跃上山，悠悠地望了大家一眼，而后不疾不徐地向身后的柏树林走去。

◀豹回眸。黄裕炜 / 摄

森林高山，遥遥相望

说起青藏高原的大猫，估计大家的第一反应就是雪豹。但可能很多人不知道，青藏高原也有豹。作为分布最广的大猫，豹的栖息地横跨非洲到亚洲的热带、亚热带、温带和寒温带地区，因其捕猎方式多为伏击，豹通常偏好有遮蔽的生境。豹的适应能力极强，其分布区覆盖了多样的生境，青藏高原虽不是其典型分布区，但在海拔不太高、森林条件比较好的地区，也有豹出没。

早在 2016 年，山水自然保护中心、北京大学自然保护与社会发展研究中心在青海玉树调查时，就在一些区域同时记录到豹与雪豹两种大猫。这一发现立刻引发了一系列问题：高原相对罕见的豹与当地“霸主”雪豹怎么相处？狭路相逢，谁能更胜一筹？它们之间的关系受到哪些因素影响？气候和人类起着什么样的作用？为探明这些问题，研究组专门为此立项，北京大学生态研究中心的研究生李雪阳也开始专心追豹。

纵览以往文献，可以发现豹和雪豹的分布区绝大部分是分离的，仅在喜马拉雅山脉部分区域、青藏高原南端边缘以及横断山脉有部分

▶ 红外相机拍摄的豹。山水自然保护中心 / 供图

重叠。目前，对两种大猫种间关系的研究甚少，之前仅有意大利锡耶纳大学的桑德罗·洛瓦里（Sandro Lovari）教授及其研究组发表过文章。他们在珠穆朗玛峰南坡的尼泊尔萨加玛塔国家公园开展调查，发现那里的雪豹与豹在猎物选择上并没有显著差异，都是喜马拉雅塔尔羊等有蹄类，但“核心利用区”不同：豹更喜欢易于隐蔽的森林地带，雪豹则青睐视野开阔的高山草甸和碎石滩。由于栖息地偏好显著不同，两者在当地可以成为邻居，和平共处。

那么，在青海玉树，它们是否也井水不犯河水呢？

红外相机设陷阱，样线捡屎攀绝壁

研究组的重点研究区域之一定在东仲林场，这里海拔较低，拥有大片林地，是高原上难得的豹乐园。无论是雪豹还是豹，都是行踪诡秘的大猫，直接观察几乎不可能。于是研究组采取了间接调查的方法：布设红外相机，收集粪便进行分子分析。在玉树，两种大猫是通过占据不同的地盘和谐共处，还是捕食不同的猎物以避免竞争，抑或是躲开对方的活动时段来避免正面冲突，利用这些间接手段也可以较好地回答。

布设红外相机需要经验与运气，大多数时候李雪阳都依靠经验丰富的牧民监测员带路选点，在一季又一季的野外调查中把自己的“新手运气”慢慢转化成高原寻豹的经验。布设相机首先需要找到布满脚印的兽道，以及雪豹或豹为标记领地而刨的坑、排泄的便尿，然后在这些地方精心调整镜头角度设置相机，动物经过时，就会触发红外相机自动拍摄照片、录下视频。研究组只需要每隔一段时间前去更换存储卡和电池就行了。

收集粪便进行分子分析也是重要的研究方法。茫茫山野，捡屎如同大海捞针，需要通过不断爬山寻找合适的兽道与典型地貌（比如大石头就是雪豹喜欢的排便点），总结出多条“样线”，然后重复调查这些样线就可以收集到豹豹们难得一见的粪便了。收集到的兽类粪便会被带回北京的实验室，利用分子生物学方法进行物种、

◀收集路上遇到的粪便。李雪阳 / 摄

▶牧民监测员在模仿动物经过，以调试红外相机的角度。李雪阳 / 摄

个体的鉴定，确定粪便来源。后续还可以通过显微镜法或者高通量测序，弄清雪豹和豹都吃了什么。

几年来，无论春夏秋冬，研究组都在东仲林场布相机、走样线。夏季是出野外的好时节，路上不易积雪，较为安全；但夏天的降雨实在太多，研究组每天不是泡在雨里，就是跟泥浆搏斗。东仲海拔落差大，要先乘摩托车前往山上的样线起点，路途泥泞，摩托车常常打滑、陷入泥中。穿越树丛时，车上的人还不时被横生的树枝敲中脑门，连颠带撞，脑袋总是晕乎乎的。摩托车到不了的地方，就需要徒步登山。向导都是当地的牧民，总说带大家走“好路”，然而那常是直上直下的岩壁。看着向导轻松攀爬，研究组只能站在原地瞠目结舌。还好人类的潜能无限，不久之后，大家都学会了手扒裸岩、“飞檐走壁”，紧跟向导走“好路”。样线一般都设在兽道上，大家边走边沿途搜寻，记录各种兽类痕迹，并选择合适的点位布设相机。样线的坡度让人不由得感叹：两条腿确实不如四条腿好使！

▲研究组爬过的峭壁与钻过的林子，能找到哪里是“好路”吗？（左上）更求旦周/摄，（左下）赛麦提/摄，（右）李雪阳/摄

山沟为界，不相往来

2020 年夏天，研究组一共走了 10 万米样线，布设了 34 台红外相机。相机布设点最低海拔 3600 米，最高海拔 4900 米。红外相机调查显示，东仲的豹和雪豹活动区基本不重叠——豹总在树林中出没，雪豹则偏好碎石滩与草甸。

东仲林场坐落在通天河沿岸，平缓的通天河在此转向湍急的金沙江。山谷被大江深切，两侧蔓延出一条条幽长的侧沟。东仲的山沟植被分布格局通常十分分明，沟口海拔较低，是豹生活的云杉林、柏树林，向里深入海拔渐高，就到了雪豹更爱的草甸、碎石滩，其间山坡上长满了密如毡毯的灌木，将两种生境分离。研究组在这些密集的灌丛里走了万米样线，没找到任何雪豹或豹的踪迹。

灌丛地带不缺食物资源，白唇鹿、马麝的粪便不在少数，为何鲜少发现大猫的痕迹？也许是灌丛太密，调查难度大，大猫的痕迹被错过了；也可能是它们各自原有的栖息地猎物充足，没必要花费

▲东仲分明的植被带。李雪阳 / 摄

精力探索陌生区域。总之，东仲的雪豹、豹各有领地，泾渭分明。

近几年综合调查发现，东仲林场至少生活过 20 只豹，仅 2019 年至今，就记录到 13 只成年个体。而这里的雪豹相对较少，记录到的只有不到 10 只。

昂赛，不一样的故事

东仲雪豹和豹的关系与尼泊尔的研究结果类似——各守疆界、互不往来，但并不是在所有同域分布的地区，雪豹和豹都能如此相处。在研究组的另一个重点研究区域——澜沧江边的杂多县昂赛乡，就上演了不一样的故事：红外相机记录到豹和雪豹在同一个地点出没，而且间隔时间非常短，可能仅仅相隔一天。对于喜欢用气味标记领地的大猫来说，它们肯定知道对方的存在。

昂赛的植被分布不像东仲那样“整齐”，各种植被类型错落相间，在高原草甸与裸岩区之间，镶嵌着稀疏的柏树林。昂赛乡三个村庄的范围内总共生活着大约 80 只雪豹，却仅记录到 10 只豹。也许是

▲同一个点位的红外相机拍摄到的雪豹与豹。山水自然保护中心 / 供图

不同类型的栖息地边界模糊，雪豹和豹可以自由穿梭于不同生境，这里的雪豹和豹并没有表现出对特定类型栖息地的偏好，简单地说，二者的栖息地有大面积重叠。

通过访谈，可以发现两种大猫共存的现象并不是近年来才有的，当地牧民早就注意到这种现象了。在青海牧区，雪豹被叫作“sa”，豹被称为“zei”，还有种豹叫“samazei”——意思是雪豹和豹的杂交后代。不过，研究团队拿照片给牧民辨认时，发现被叫作“samazei”的都是一些毛色略黄的雪豹个体，并非真正的杂交个体。实际上，雪豹和豹虽然都是大猫，但亲缘关系并不算很近。研究显示，

◀昂赛峡谷初春的景色。李雪阳 / 摄

雪豹跟虎的关系，比跟豹更近。目前还没有确凿证据表明雪豹和豹可以产生杂交后代。

迷茫的未来，何去何从？

抛开风花雪月的可能性，若雪豹与豹正面相遇，非常有可能发生对猎物、领地的争夺战。在一些虎、豹分布的重叠区，虎有时会杀死豹。但豹与雪豹实力差距不太大，为了不两败俱伤，它们可能会尽量彼此回避。万一狭路相逢，体型较大也更为凶猛的豹可能更有胜算。

但二者的关系，并不仅仅由它们本身的特性决定，人、气候都可能对它们未来的关系走向产生影响。在藏族传统文化的影响下，当地牧民虽然提到两种豹都会捕食家畜带来损失，但仍对它们怀有宽容之心："它们也是需要吃饭的。"听到受访者这样回答，研究者虽然感动于这种难得的共情，但更希望牧民能够通过未来多样的生计获得补偿，将野生动物带来的损失转化成收益，让牧民与动物继续和谐共处，都过上更好的生活。这也是山水自然保护中心一直以来努力的方向。毕竟，远在城市的我们不像生活在高原上的牧民，他们与野生动物的连接更紧密，更有可能活跃在野生动物保护的第一线。

气候变化，则更可能影响雪豹与豹未来的关系。青藏高原是气候变化敏感区域，随着全球气候变暖，这里大部分区域将呈现暖湿化的趋势，这种趋势会直接影响植被与猎物的分布，从而影响到大型食肉动物的格局。调查显示，青海的豹种群数量总体在上升。在未来，如果林线继续上升，森林面积扩大，豹种群数量继续增多，是否会彻底将雪豹排挤出这片区域？在两种大猫的共存地区，它们之间现有的微妙平衡是否会被打破，导致关系恶化？这些问题，需要更多综合、长期的数据积累来回答。

希望这两种大猫都有光明的未来。美丽的玉树，值得同时拥有这两种美得惊心动魄的生灵。

CLOUDED LEOPARD

云豹

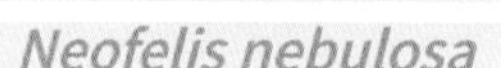

演化和分类

云豹是云豹属的一种猫科动物，其属名意为“新猫”，同属物种还包括分布于苏门答腊岛和加里曼丹岛的、与云豹很像但毛色更加深暗的巽他云豹（*Neofelis diardi*）。在所有名为“某某豹”

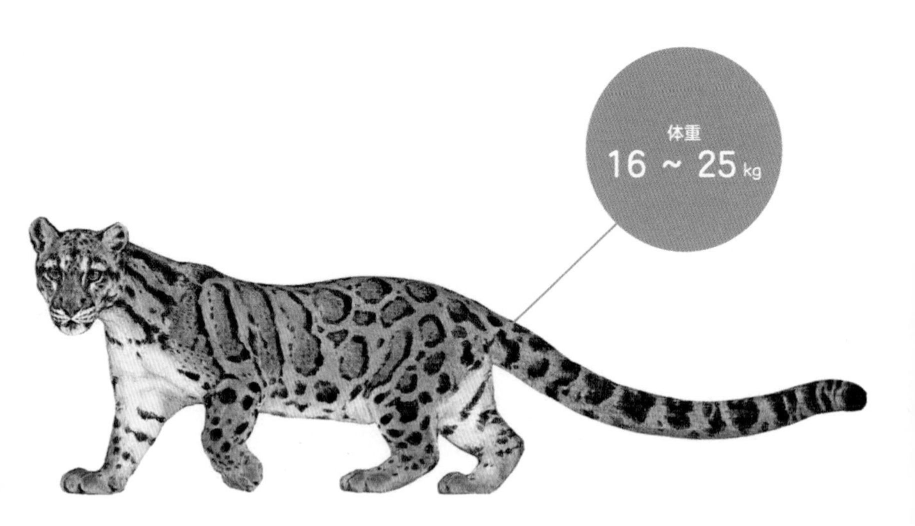

体长 70 ~ 108 cm　　尾长 55 ~ 91.5 cm

▲ 德宏森林里的红外相机记录到的云豹，其身上宽大的云斑十分美丽，长长的尾巴在镜头的透视效果下显得更加长得夸张。猫盟、自然影像中国、云南铜壁关省级自然保护区 / 供图

的猫科动物中，只有云豹、巽他云豹和猎豹这三种不属于豹属。云豹体型较小，与豹属物种的关系非常近，同为豹亚科（大猫亚科）的成员，可认为是最小的大猫。云豹也是豹亚科中最早独立出来的物种，与豹属的分化时间大约在 600 万年前。

除 2006 年被确认为独立物种的巽他云豹，云豹曾被分为 3 个亚种：指名亚种（*N. n. nebulosa*）、尼泊尔亚种（*N. n. macrosceloides*）和台湾亚种（*N. n. brachyurus*）。不过遗传学研究表明，这三个地区的云豹并无明显差异，因此亚种的划分可能不成立。

形态

云豹体型较小，头体长约仅 1 米，体重仅 16 ~ 25 千克。

别看个子小，云豹可谓是最与众不同的猫科动物：它们的短腿、宽掌、长尾，全为高度树栖而生。尤其是后脚踝可以旋转 180 度，使其能紧紧抱住树干，因此云豹可以头朝下下树。除云豹外，猫科动物里只有亚洲的云猫和南美洲的长尾虎猫拥有这项绝技。

按照牙齿与头骨的比例，云豹拥有现存猫科动物中相对最长的上犬齿——长达 4.5 厘米，并且侧扁，后缘像刀锋般锐利，这是它捕猎时的杀器。这与已经灭绝的剑齿虎家族高度相似。无独有偶，云豹还有一项特征，也与剑齿虎如出一辙，那就是巨大的口裂。一般猫科动物的嘴只能张开到约 65 度，而云豹的下颌骨可以完全从颧弓中脱出，上下颌可以张开到惊人的 85 度，这可以为上犬齿腾出足够的攻击空间，不至于在向下戳刺时被下颌挡住。

分布和栖息地

云豹曾广泛分布于亚洲东部和南部——从中国南方到喜马拉雅山脉南麓及中南半岛，但如今在很多历史分布区里已经消失，目前主要分布在泰国、印度北部、尼泊尔、不丹和缅甸北部，以及老挝、越南的局部地区和中国边境。

在中国，云豹分布区的北界是秦岭，但近年来长江以北的云豹记录很少，多数都是对花斑型金猫甚至豹猫的误判。即使在曾经广布云豹的长江以南地区，近十年来大范围的红外相机调查也没有找到云豹的踪迹。根据目前的红外相机调查信息，云豹在中国已南缩至云南和西藏东南部的边境地带。

作为一种高度适应树栖生活的大猫，云豹偏爱郁闭的常绿森林。

食性

跟所有猫科动物一样，云豹也是肉食性的。它们经常在树上捕捉

◀隐身于林下草丛中的云豹。猫盟、西双版纳易武州级自然保护区、云南西双版纳国家级自然保护区科研所 / 供图

▶ 张开大嘴的云豹，可以看到其上下颌夸张的开合角度和长长的犬齿。山水自然保护中心 / 供图

鸟类、猴子、松鼠，也在地面捕捉鹿类、野猪等有蹄类，偶尔也会捕杀家畜，包括小牛、猪、山羊和家禽。在野生云豹的粪便中还发现过鱼类残骸，由此推测它们会游泳，能捕鱼。

大多数猫科动物杀死大型猎物的方式都是从腹面用短粗的上犬齿压住猎物喉部使其窒息，而云豹拥有又长又窄的上犬齿，更适合切割而非压迫。因此，被云豹捕杀的猎物伤口也与众不同：被豹捕杀的猎物，其喉部会留下被犬齿按压的圆形洞口；而被云豹捕杀的猎物，其伤口出现在头颈后部。可见，云豹的捕猎方式和剑齿虎类似，即用犬齿捅刺猎物的脊髓或切断其动脉。

习性

云豹树栖、偏夜行，因此野外研究难度很大，我们对其在野外的生活所知甚少。红外相机对云豹的拍摄率较低，难以通过数学模型对其进行数量和栖息地选择的评估。受制于极低的捕获率和亚洲森林艰苦的追踪条件，难以对云豹展开项圈追踪，目前仅有 7 只云豹的短期追踪数据。

1988 年，一只年轻的雄性云豹于尼泊尔奇特旺国家公园附近被抓捕，戴上无线电项圈后在公园中野放，但仅被追踪了两周。

1999 年，一只雌性和一只雄性云豹分别在 5 月和 7 月在泰国的艾山国家公园（Khao Yai National Park）被戴上无线电项圈，但分别仅被追踪了 4 个月和两个月。有限的坐标点显示，雌性云豹的活动范围至少有 33.3 平方千米，雄性云豹可达 36.7 平方千米，而泰国其他保护区里体型远大于云豹的雄性豹的活动范围也才 18 平方千米。

2000—2003 年，又有两只雄性云豹和两只雌性云豹在泰国被戴上了无线电项圈，它们分别被追踪了 7 ~ 17 个月不等，提供了迄今最好的活动数据：家域面积为 22.9 平方千米（年轻雌性）到 45.1 平方千米（成年雄性），其家域内约 84% 都是郁闭的森林。

即便在圈养环境中，云豹的繁殖也是个难题：雄性云豹会猛烈攻击雌性云豹，甚至将雌性咬死、咬残。后来发现，与其他猫科动物相比，作为“树冠之王”的云豹更依赖高度带来的安全感。当人们把栖架的高度升高到 5 米以上后，云豹的压力水平显著下降，“家暴”概率也降低了，并且栖架越高，云豹的繁殖成功率也越高。

种群现状和保护

虽然云豹曾广泛分布于亚洲东部和南部，但如今在很多历史分布区里，云豹都在快速消失或已经灭绝。在整个中南半岛，只有泰国的云豹得到了较好的保护，其他国家的云豹均受到盗猎的严重威胁。比如在柬埔寨的东部平原，由于钢丝套泛滥，猎物锐减，虎最先消失，但人们没有采取任何有效的保护措施，结果几年内，豹、豺、金猫、云豹等一个接一个地绝迹。此外，老挝、越南的云豹种群可能也岌岌可危。

在南亚的喜马拉雅山脉南麓，云豹的情形似乎还不算太糟。从缅甸北部到印度、尼泊尔、不丹等南亚诸国，云豹尚拥有大面积的原始栖息地。在印度阿萨姆邦的玛纳斯国家公园（Manas National Park），云豹种群的密度据估计能达到每 100 平方千米 4.7 只，为目前的最高纪录。

在中国，云豹目前已退缩至云南、西藏等边境地带，离彻底在中国绝迹仅差一步。东南部云豹的最后一笔记录是 2006 年安徽皖南国家野生动物救护中心收治的个体，西南地区除边境以外的最后一笔记录来自 2007 年的四川宜宾，而台湾云豹已经被宣布灭绝。目前云豹仅在藏东南地区和滇西南地区有较高的野外拍摄率，此外，云南南部的西双版纳地区也有云豹活动，但受到较为严重的跨境盗猎的威胁。

根据最新的栖息地模拟研究，一个健康的云豹种群至少需要 800 平方千米拥有良好原生森林的高质量栖息地，而中国内地已经失去了几乎所有云豹的理想栖息地，仅存的优质栖息地主要位于云南西双版纳和藏南地区。

目前，云豹是中国大中型野生猫科动物中受威胁程度最高的一种，若不加强保护，中国可能会失去所有的野生云豹。

▶ 在西双版纳（上）、德宏（中）、墨脱（下）拍摄到的云豹。猫盟、云南西双版纳国家级自然保护区科研所、自然影像中国、云南铜壁关省级自然保护区、王渊 / 供图

拯救中国最濒危的大猫

“我正走在山上，突然一个麂子（赤麂）就那么朝我冲过来。我正奇怪呢，怎么这麂子不怕人，结果一看后面追着个豹子。”

“金钱豹？”

“不是，就是草豹。我们这边说的豹子一般就是草豹。”

野象谷的夜晚微风习习，大家在饭后闲聊。

“那个麂子一看逃不脱，就围着我跑，豹子也追着它转圈。结果麂子和豹子就这么绕着我转！”

“这是什么时候的事儿？”

“好多年前了。我就见过这么一次豹子。”食宿店老板最后略带遗憾地说。

大约 10 年前，不管走到西双版纳保护区周边的哪个村寨，问村民附近有什么动物时，村民一般都会回答：“什么都有！麂子、马鹿（水鹿）、野猪、老象……”

而当问到有什么食肉动物时，得到的回答一般是“只有草豹”。

他们说的草豹就是云豹。云豹是一种曾经广泛生活在中国南方森林里的猫科动物，因身上独特的大块云状斑纹而得名。它的身世也正如它的名字一般，至今依然神秘而不为人知。

古老而神秘的大猫

对大多数人而言，云豹的形象是模糊而陌生的。即便在动物园里，也极少看到云豹的身影。如果说虎、豹留给人们许多回忆和故事，雪豹在高原上流传着种种传说，那么云豹则如同潜藏在阴影里的幽灵。极少有人在野外见过云豹，即使是经验丰富的猎人，也很难完整地描述云豹的样子。

云豹分布在亚洲东部和南部的热带、亚热带丛林，分布范围从尼泊尔境内的喜马拉雅山脉东部和南部的低山地带，经不丹、印度，一直延伸至缅甸、中国南部、越南、老挝、泰国、柬埔寨和马来半岛。

云豹的属名 *Neofelis* 由 neo（意为“新”）和 felis（意为“猫”）组成，但它其实并不“新”。早在 640 多万年前，云豹就出现在这个星球上了。它是现生豹亚科（包括狮、虎、豹、美洲豹、雪豹、云豹）动物中最早分化出来的物种，在它身上你还能依稀看到些远古的遗迹。云豹的犬齿长度与头骨的比例在现存猫科动物中是最大的，让人不由想起已经消失的剑齿虎。但其实云豹是一种小型的豹，体型与中型猫科动物——金猫差不多。

身体结构的特点使云豹非常善于爬树——较轻的体重使其适合在树枝停留，短粗、强有力的四肢以及宽大的脚掌为其提供了强大的攀爬能力，几乎和身体一样长的尾巴则让云豹即使在树上也能够保持平衡。在马来西亚，云豹的名字在当地土话里的意思是“树枝上的虎”（harimau-dahan）。云豹甚至可以头朝下地从树干慢慢往下爬，这在大猫里是绝无仅有的。它还能够像树懒一般倒挂在树枝上移动，或者用后腿抓紧树干，悬挂在树上。显然，云豹非常擅长在树上捕捉松鼠或猴子。

云豹身上遍布着与众不同的云状斑纹：黑色镶边，中心为浅色，与周围的灰色区域显著区分开。在猫科动物里，只有云猫有类似的斑纹。有趣的是，云猫的分布区域与云豹接近，也很擅长在树上活动。

▶ 美丽的云豹。自然影像中国、猫盟 / 供图

渐行渐远的中国云豹

云豹在中国一度分布广泛，从西藏东南部，四川中部、西部和南部，一直到秦岭以南等区域都有记录，通常被称为龟壳豹、荷叶豹、小草豹等。一般认为，中国曾经拥有云豹的全部 3 个亚种：指名亚种（分布于中国东部和南部大部分地区）、尼泊尔亚种（分布于中国西藏东南部）、台湾亚种（分布于中国台湾岛，已被宣布灭绝）。国外的博物馆在中国福建南部（美国自然历史博物馆，43104 号标本）、湖北（柏林动物博物馆，56135 号标本）和海南（美国国家博物馆，239907 号标本）都采集过云豹标本。

曾经，贵州、江西、福建、湖南、湖北、安徽、云南等省均为云豹的主产地。讽刺的是，这个结论多来自毛皮收购记录：20 世纪 50—60 年代，贵州每年可收购云豹皮 100 ~ 200 张，90 年代后，每年仍能收购云豹皮 100 张左右；20 世纪 60—70 年代，江西、福建、湖北、湖南等省每年的云豹捕获量均在百余只，四川、浙江、广东等省每年可收购云豹皮数十张。

这些带血的数字伴随着云豹在中国的全线溃退。当中国终于停止打虎除豹行为时，云豹已经岌岌可危。1989 年，《国家重点保护野生动物名录》颁布，云豹赫然被列为一级。然而，姗姗来迟的保

◀ 皖南国家野生动物救护中心救助的云豹。皖南国家野生动物救护中心 / 供图

护显然低估了云豹所面对的危境。伴随着栖息地的消失，以及食物短缺、非法盗猎、毒药等多种威胁，中国的云豹无可奈何地从人们的视野中淡出了。

2013 年，台湾历经 13 年调查，依然没有找到台湾云豹，因此宣布该亚种灭绝。与台湾情况类似的是海南，除了一些过往的皮张记录，海南云豹已有近 20 年未见踪影。

海岛种群无法得到大陆种群的“接济”，因而非常脆弱，位于食物链顶端的大型猫科动物更是如此。伴随着台湾云豹的灭绝，人们不由得担心：中国大陆的云豹，情况会比台湾好吗？

从 1999 年到 2006 年，皖南国家野生动物救护中心总共救护了 8 只野生云豹，这些云豹均来自周边地区，且救助原因不是鼠药中毒就是被捕兽夹夹伤，无一例外全是人祸。而 2006 年之后，皖南地区再也没有哪怕一只受伤云豹的救助记录。十几年来，中国整个东南地区都没有一例云豹活动的确切记录。

2007 年，四川省宜宾市长宁县的村民遇到一只带崽的雌性云豹，在云豹妈妈受惊丢下幼崽后，村民将小云豹带回，经林业局鉴定为云豹后又将其放归野外。根据新闻，长宁珍稀动物养殖场内当时还饲养着一对云豹和它们当年产下的一只幼崽。该县林业局对当地的云豹仍充满希望，计划将养殖场的云豹择时放归野外，并对当地野生云豹种群进行调查。然而，这只登上新闻头条的小云豹最终成为中国内地最后一笔野生云豹的确切记录。

2005 年，北京师范大学和云南南滚河国家级自然保护区联合开展野外调查。在这次调查中，冯利民博士利用红外相机拍摄到中国首张野生云豹的照片。此后不久，他在西双版纳国家级自然保护区安装的红外相机再次拍到了云豹。这两个消息令人极其振奋——至少在云南边境的森林里，云豹还在！

2014 年底至今，猫盟先后在云南、西藏、江西、重庆、安徽等多个省市的保护区调查云豹，分析了大量的红外相机回收数据，中国云豹现存栖息地的脉络逐渐清晰起来。从云南南部到西藏东南部，目前有 4 个确定的云豹分布点：云南西双版纳州（西双版纳国家级

▲西双版纳（左）、德宏（右上）、墨脱（右下）拍摄到的云豹。猫盟、西藏生物影像调查研究所、自然影像中国 / 供图

自然保护区和易武州级自然保护区）、云南临沧市沧源县（南滚河国家级自然保护区）、云南德宏州（铜壁关省级自然保护区、高黎贡山国家级自然保护区）、西藏墨脱县（雅鲁藏布大峡谷国家级自然保护区）。这 4 个分布点构成了中国西南边境一片相对连续的云豹分布区域，该区域内所有满足云豹生存条件的低海拔常绿森林均可能有云豹出现。而在这片区域以外，中国内地的云豹依然“沉默”，没有任何一个保护区传出云豹的消息。

动物园里最后的中国云豹

冬季的重庆终日阴冷，因此午后难得的阳光格外珍贵。

云豹“干干”正趴在木头上晒太阳，布满黑色云纹的茶色皮毛在阳光下灿烂夺目。

时不时地，它会满足地打个哈欠，嘴巴张开到骇人的角度，露出两颗与它体型不符的夸张大牙。

不久，大梦初醒的云豹“球球”也从内舍走了出来，后脚刨地、撒尿，做完气味标记后，它抬头看着树上的干干。

虽然展区的玻璃阻隔了声音，但它们此时应该是在闭着嘴、喷着鼻子，友好地彼此问候。

干干见“室友”醒了，便头朝下地从树上爬下，后脚挂在一根横木上，以倒挂金钟的姿势挥舞前掌招惹地上的球球。球球则立起来反击，随着身体的伸展，后背的黑方块状花纹全部展开。

在树枝间上下追逐了一段时间后，干干蹲坐回树顶，球球则对一棵桂树展开了无情的攻击——它抱着树干，龇牙咧嘴地用脸颊疯狂摩擦枝叶，随后躺倒在满地落叶上来回翻滚，并躺着用前掌继续撩拨可怜的桂树。

球球和干干是生活在重庆动物园里的两只雌性云豹，也是中国内地动物园最后两只云豹（在台北动物园还有一只德国来的雌性云豹），它们可能是四川云豹种群的最后一脉。

随着它们的老去和消失，中国动物园中圈养的本土云豹也将消失。

留住中国最后的云豹

猫盟的调查证实，中国最后的云豹隐藏在西南边境的森林里。然而拍到云豹并不足以让人安心——这些地区几乎都位于中国与老挝、缅甸、印度等邻国的交界区域，而且极低的拍摄率让人觉得，即便是边境的云豹也已经危在旦夕。

残酷的现实让人不禁深思：为什么中国云豹的现状会如虎一般？毕竟不同于站在食物链顶端、需要大面积栖息地的虎，云豹在其生态系统里并非生态层级最高的物种。多年的调查显示，比云豹生态层级更高的豹，如今的境况反而比云豹更好，与云豹生态位接近的金猫、猞猁、豺等物种也比云豹更常见。

也许是云豹对郁闭森林的高度依赖导致其成为中国的三种豹里最敏感脆弱的一种。无论是在西双版纳、德宏还是墨脱，云豹都出现在当地林相最好的森林里，它们一如既往地眷恋着大树森林，既不像雪豹那样远离人类、选择雪域高山优雅独居，也不像豹那样“南北通吃”乃至“上犯”高原，利用自己强大的适应能力赢取生存空间。于是云豹成了中国东部和南部原生常绿森林的“殉葬者”，在人们消耗森林资源的同时，中国内地的云豹也在慢慢走向穷途末路。

但幸好它们还在。虽然现在云豹对我们而言依然陌生，但它们的存在本身就已经给予我们莫大的信心。去了解还来得及，去保护也依然不晚。云豹已经在这个星球上生活了 640 万年，它拥有足够的智慧来面对环境的变迁，至于云豹在地球上还能延续多久，现在则取决于人类——我们是否具备足够的睿智来保护我们和它们共有的森林?

带着这种希望，猫盟在西南边境的丛林里继续努力，试图安装更多的红外相机，获取更多关于云豹的信息，以便了解云豹更多的秘密，探索保护云豹的可行道路。

寻找云豹背后的故事

如果你爬过足够多的山，并且曾在山间细细观察的话，你就会总结出一些难以描述的规律：山里总有那么一些地方是动物喜欢来的，这些地方通常有一些地理环境上的共性。当需要判断是否会有一只大猫经过时，我们其实更多地是靠一种直觉，当然，这种直觉里也包含着理性，那就是要寻找林相最好的区域。虽然有些大猫对于环境不那么挑剔，但一片山林里最好的地方一定会有它们的踪影，这也是生态系统中顶级物种所代表的意义。因此，当猫盟的云豹调查团队在西双版纳易武保护区的森林里穿林跋涉时，他们一直在期待自己出现这种直觉。

一开始，大家什么感觉都没有：林子不错，但不是大家希望的那种“不错”。大家决定沿着山坡往上爬。当到达侧面山脊时，情况开始变得不一样了。那些烦人的灌草丛忽然消失了，参天大树遮挡住阳光，下层的植被因此凋零——这正是一片发育成熟的雨林。大家在这里稍做休息，一边喝水一边抬头欣赏着高大的树冠和寄生在树枝上的各种石斛与蕨类。这地方不错!

但这还不够，找到动物最有可能经过的地点，是安装红外相机的基本原则，于是大家沿着兽道继续往上爬。终于，他们在一片宽阔的林子里停下脚步。这里的山坡很平缓，高大的树木均匀地矗立在周围；林下很开阔，一些阳光透过树冠层照进来，滋养着下层的草本植物。附近还发现了不少赤麂活动的痕迹，甚至还有一只黑熊在此留下了粪便。大家都有种强烈的“就是这里了”的直觉。有人抬头看着那些大树，心想：“如果我是一只云豹，我会很喜欢这里。”

几个月后，保护区的岩罕超开心地打来电话：“拍到小草豹了！”此时，所有的努力都得到回报，从红外相机拍摄的影像中看到云豹的身影时，那些安装相机时举目皆是的高大树木，树干上的苔藓、寄生的蕨类与石斛，树枝上奔跑的松鼠，以及雨林里赤麂满含生机的吠叫声，顿时在脑海里鲜活了起来。

▶ 云豹喜爱的原始森林。猫盟 / 供图

ASIATIC GOLDEN CAT

金猫

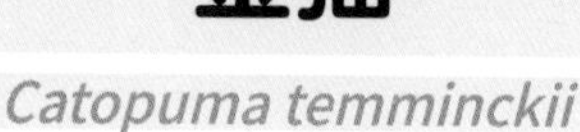

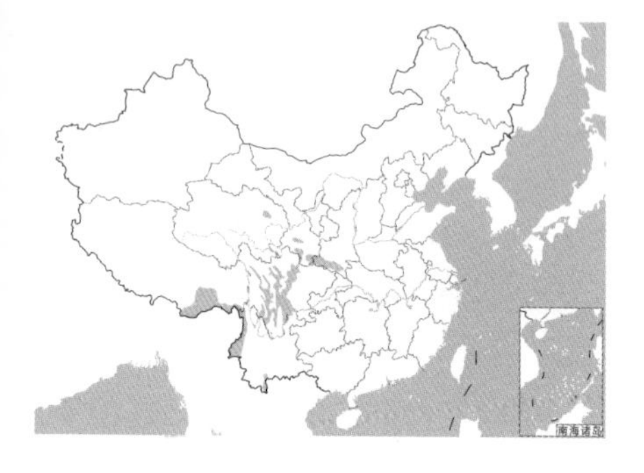

演化和分类

金猫是金猫属（*Catopuma*）成员，该属另一个成员为婆罗洲金猫（*Catopuma badia*），二者与云猫同属于金猫支系。非洲有一种长相、习性和金猫很像的物种，叫非洲金猫，但它其实与有着长耳簇毛

的狞猫亲缘关系更近。

过去，人们曾根据毛色和分布将金猫分为 3 个亚种：东南亚至喜马拉雅山脉南麓及中国西南地区的指名亚种（*C. t. temminckii*）、中国东南部的华南亚种（*C. t. dominicanorum*）和横断山脉及秦岭的川藏亚种（*C. t. tristis*）。但最新的分子学研究将金猫分为两个亚种：其中位于马来半岛和苏门答腊岛的金猫为指名亚种（*C. t. temminckii*），其他地区则为大陆亚种（*C. t. moormensis*）。

形态

金猫是一种中型猫科动物，体型比家猫更大，尾巴相对较短，相当于头体长的 1/3 ~ 1/2，尾尖通常向上卷起，尾梢腹侧是白色的。金猫肌肉虬扎，不如豹猫纤细苗条。相对于身体来说，金猫的头部显得大，吻部较长，脖子短而粗，看起来颇为威猛，尤其是在冬季，当它们身披厚实的冬毛时，更显壮硕。

金猫素以体色多变著称。在民间，金猫因其体表毛色与斑纹的不

普通色型

同，有着红椿豹、芝麻豹、乌云豹、狸花豹等诸多称谓。不过，大多数金猫的面颊和额头都有明显的白色斑纹，从额头到鼻翼的斑纹呈三叉戟状。简单来说，金猫的毛色可以分为体表没有斑纹的普通色型，以及体表密布斑纹的花斑色型（俗称花金猫），此外，还有偶见的黑色型（黑化个体）。金猫的普通色型与花斑色型之间可能并没有绝对的分界线，而是会存在不同程度的渐变过渡色型。20 世纪 50 年代，动物学家曾调查了华南某地库存的数百张金猫皮张，发现这些皮张上的斑纹可以从深到浅再到无地排列起来，中间没有明显的分界，而是呈现渐变过渡的状态。近年来，野外调查结果显示，在不同地区的金猫种群中，不同色型个体的比例存在很大的差别：在秦岭南坡的金猫种群中，没有发现明显的花斑色型，全是普通色型；而在岷山北部的金猫种群中，普通色型和花斑色型的个体共存，且数量相当，在岷山的同一条山梁上，会出现两种色型的金猫个体你来我往的情形。

分布

金猫主要分布在南亚东部（包括尼泊尔东部、不丹南部、印度东北部、孟加拉国东南部）、中国中南部和东南亚大部分地区。

在中国，历史上，金猫曾广泛分布于华南和西南地区的山林中，但现存的分布区较以往严重收缩，并呈现出高度破碎化的状态。近年来，随着红外相机监测的开展，西

▲四川老河沟同一红外相机点位拍摄到的普通色型和花斑色型的金猫。李晟（北京大学）/ 供图

▲冬季，在四川新龙积雪的针叶林中行走的金猫。猫盟、新龙县林业和草原局 / 供图

南多地都有金猫活动的报道，但仅有秦岭、岷山、四川甘孜、西藏东南部、云南西部等少数几个地区有较为稳定且有一定规模的金猫种群分布。

金猫是典型的森林物种，栖息于热带和亚热带的湿润常绿阔叶林、针阔叶混交林和干燥落叶林中，也会出现在灌丛、草原和开阔多岩的地带，能够适应陡峭的山地森林。

食性

金猫的食物主要是啮齿类、鸟类、小型有蹄类等中小型动物，偶尔也会袭击家禽，以及绵羊、山羊等家畜。在岷山地区，金猫捕食小麂、毛冠鹿、斑羚等小型偶蹄类，红腹角雉、血雉等雉类，以及藏鼠兔、社鼠等小型兽类。对金猫粪便所做的 DNA 分析表明，除了这些中小型猎物，体型更大的野猪、羚

▲带崽的金猫。肖飞 / 摄

牛等大型偶蹄类动物也偶尔会出现在金猫的食谱之中。不过，以金猫的体型，它们不会对野猪或羚牛构成威胁，因此可能只是取食了自然死亡的个体。

习性

与大多数猫科动物一样，金猫也是独居动物，只有在求偶、交配时才会同框出现。金猫全年皆可繁殖，雄性金猫在交配时会咬住雌性的脖子，因此雌性脖子上会有缺少毛发的痕迹。金猫会将巢建在中空的树上、岩石缝或地上的洞穴里。有研究发现，与其他雄性猫科动物爱当甩手掌柜不一样，雄性金猫可能在养育子女方面有一定积极作用。但另一方面，圈养金猫又是“家暴”最严重的猫科动物之一，合笼稍有不慎，就会发生一方（通常是雄性）咬死另一方的惨剧。

金猫大多时候在地面活动，但有需要的时候它们也会爬树。金猫偏昼行，只在人为干扰严重的地区才会转为夜行。泰国绿山野生动植物保护区（Phu Khieo Wildlife Sanctuary）的项圈跟踪研究表明，金猫在上午和黄昏最活跃；而云南德宏的红外相机记录到的几乎全是金猫白天的影像；墨脱的红外相机对金猫的记录也是白天的居多。

种群现状和保护

在全球范围内，金猫种群的状态尚缺乏具体的数据，但 20 世纪以来其种群数量下降了 20% 以上，被 IUCN 评估为近危。在中国，由于长期以来森林栖息地的丧失和人类的捕猎，金猫的种群数量也经历了严重的持续下降，现存的分布区较以往严重收缩，并呈现出高度破碎化的状态，仅秦岭、岷山、四川甘孜、西藏东南部、云南西部等少数几个地区，可以确定有较为稳定且有一定规模的金猫种群分布。

岷山是大熊猫的自然栖息地，得益于政府、社会对大熊猫保护的关注和持续投入，区域性的自然保护区网络使得各保护区内的森林栖息地连成一片，这为同域分布的金猫等野生动物提供了面积更为广大的活动空间，从而有效降低了野生动物区域性灭绝的概率。

岷山北部老河沟—唐家河—白水江的金猫种群，是目前国内已知的最大的野生金猫种群。比起中国其他很多地方，这片区域是幸运的：在东部，有大熊猫这个旗舰物种和伞护物种的庇护；在西部，有藏区传统文化和藏传佛教信仰的保护。

2021 年，金猫被列为国家一级重点保护动物。有赖于西南地区林业工人、护林员、巡护员的坚守和众多保护组织、科研院所、行政部门的通力协作，以及当地居民与社区世世代代的守护，中国金猫应该能够继续在这里繁衍生息、自由徜徉。

◀森林里漫步的金猫。中国金猫的未来有赖于我们的守护。猫盟、云南西双版纳国家级自然保护区科研所 / 供图

金猫——毛色多变的神秘“中猫”

2011 年 11 月初，广西发布一则新闻：扶绥县岜盆乡政府通知，那标村的山上出现一只黄色的猫科动物，疑似金猫，同时提醒广大群众遵守国家法律法规，禁止捕猎野生动物，并让大家做好防范工作，发现其行踪及时报告。

然而，专业人士点开大图一看，才发现新闻照片中的不是金猫，而是一只家猫——大橘猫。

这则新闻反映了金猫的尴尬地位：它既不像虎、豹等大猫那样威猛慑人，也不像兔狲、豹猫等小型猫科动物那样可爱，也没有同样是中型猫科动物的猞猁那标志性的长长的耳尖簇毛。这种中型猫科动物的形象在大众的认知中始终非常模糊，很容易被误认。

不过，尽管说萌比不上各种小猫，说体型也没法儿跟大猫们相比，但金猫的魅力可没有这么“肤浅”。

▲毛色美丽的金猫。肖飞 / 摄

“彪”——比虎还要凶三点?

金猫，一种形象非常模糊的“中猫”。

这种体型中等的猫科动物从来都身披神秘的色彩：在华中乃至华北地区，一些传说中的“土豹子”可能就是它；中国古典文学作品中会用“龙虎彪豹”来排名，排在豹前面的“彪”也可能是金猫；在东南亚，传说中的它甚至比老虎还要凶猛。

金猫主要分布在南亚东部、中国中南部和东南亚大部分地区。虽然主要分布在南方，但是金猫对于环境的适应能力很强。其生境包括多种类型的森林乃至一些较为开阔的灌丛和草原地带。2015 年，在不丹的吉格梅·辛格·旺楚克国家公园海拔 4282 米的山地森林里，记录到了金猫活动。而 2020 年 12 月，在四川甘孜州九龙县的猎塔湖景区，一只花斑色型的金猫在海拔 4290 米处被一台红外相机拍到，是迄今为止金猫出现的最高海拔。

▲四川新龙的金猫活动于海拔 4000 米以上的针叶林，这非常罕见。猫盟、新龙县林业和草原局 / 供图

历史上，金猫曾广泛分布在中国华南和西南地区的山林中，其分布区最北可以到达宁夏的六盘山区。但和其他南方的大型猫科动物类似，金猫在中国现存的分布区较以往严重收缩，并高度破碎化。

近年来，中国西部、南部多地都有红外相机记录到金猫活动，包括甘肃、四川、陕西、云南、西藏等地，其中岷山、高黎贡山、喜马拉雅山等山脉的金猫记录较多。但在华东、华南等金猫的历史分布区，就几乎完全没有金猫的记录了。

神秘多变的外表

金猫之所以耐人寻味，是因为它的毛色特别多变，以至于很容易让人以为是几种不同的动物。

正如前文所述，在野生猫科动物中，“衣服”最多的就是金猫，因此金猫有红椿豹、芝麻豹、乌云豹、狸花豹等俗称。简单来说，金猫可以分为没有斑纹的普通色型、密布斑纹的花斑色型和偶见的黑化个体，而普通色型里还包括了麻褐色、红棕色、灰色等五花八门的底色。

英国科学院院士萨伊尔·尼加万（Sahil Nijhawan）博士说：“根据进化论，如果一种色型不利于物种生存，那么随着时间的流逝，这种色型应该消亡。但这个物种存在着如此多的不同色型，表明各种颜色必定都有其生态优势。”比如，黑色型或许有利于金猫适应一些阴暗郁闭的环境。当黑色型金猫在山中夜行，黑漆漆一团，很难被其他动物（包括猎物和天敌）发现，能提高其生存率。

有研究认为，多色型是金猫适应不同海拔、不同植被的反映，但野外记录似乎并不符合这种猜想。在西藏墨脱和四川老河沟，都曾拍到普通色型和花斑色型的金猫路过同一个相机点位。2018 年，老挝还拍到一只红棕色型金猫尾随着一只黑色型金猫。北京大学的李晟老师在中国西南多年的金猫调查中还发现，纯色型母金猫也会生出花斑型小金猫。而 20 世纪 50 年代的金猫皮张调查显示，它们

▲四川省唐家河自然保护区，走在前面的普通色型金猫妈妈首先警惕地在红外相机前停了下来（上图），仔细观察、确定没有危险之后，才带着花斑色型金猫宝宝慢慢从红外相机前走过。李晟（北京大学）/ 供图

身上的斑纹可以从深到浅再到无地排列起来，中间没有明显的分界。这可能表明，金猫的普通色型与花斑色型之间没有绝对的分界线，而是存在不同程度的渐变过渡色型。

金猫有如此多变的外表，那么我们要怎样才能准确识别出金猫呢？这儿有一套认猫秘籍：

特征一，金猫面颊和额头有明显的白色斑纹（黑色型除外），从额头到鼻翼的三叉戟状斑纹为金猫独有；

特征二，金猫尾巴相对较短，尾长为头体长的 1/3 ~ 1/2，尾尖通常向上微卷，露出白色的腹侧。

◀ 西藏墨脱的黑色型金猫，翘起的尾尖露出的白色十分醒目。西藏生物影像调查研究所、猫盟 / 供图

▶ 林下阴影中的普通色型金猫。尽管光线十分昏暗，白色的尾尖也很容易辨认。云南西双版纳国家级自然保护区科研所、西双版纳易武州级自然保护区、猫盟 / 供图

金猫的生态位

作为一种中型猫科动物，金猫看起来像是大一点儿的豹猫或者小一点儿的豹，那么在生态系统中，它担当的角色是更接近豹猫还是更接近豹呢？它真的像传说中一样比虎还凶，可以代替大型猫科动物吗？

我们先来看看金猫的食谱。

金猫常食用小型动物，包括啮齿类、鸟类、小型两栖和爬行类，以及小型哺乳类，如叶猴和野兔等。在印度的喜马拉雅山区，金猫也会猎杀大型动物，例如野猪、水鹿，以及小型有蹄类，如麂和鬣鹿。此外，金猫也会袭击家禽，以及绵羊、山羊等家畜。在中国西南部的温带山地森林中，金猫主要以啮齿类（社鼠、褐家鼠等）、鼠兔、野鸡（红腹角雉、血雉等）、家禽和小型有蹄类（小麂、毛冠鹿等）为食。大型有蹄类动物偶尔也会出现在金猫的食谱之中，以金猫的体型，它们对成年的野猪或羚牛构不成多大的威胁，不过这些动物的幼崽或许无法逃脱金猫的利爪……

但是，能抓不代表会抓。北京大学的李晟和姚蒙老师的论文显示：食肉动物的体重与其猎物的体重之间存在正相关性。比如，豹猫、赤狐、金猫等中型捕食者都主要以啮齿类、鸟类等小型动物为食，豹、雪豹、狼等大型食肉动物则会选择捕猎体型更大的动物。这符合最优觅食理论的预测，食肉动物和猎物体重之间的相关性实际上代表着食肉动物需要将每次捕食获得的收益最大化，这样才能保证自己没有“白忙活”。就好像虎不可能以老鼠为主食，豹猫不可能捕杀马鹿一样——前者得靠大量的捕食工作才能填饱肚子，而后者则需要花费极大的精力去制服猎物，这对动物来说并不划算。

那么金猫的主食是什么呢？根据论文，在大型食肉动物最为丰富的沙鲁里山系，不同大型食肉动物取食不同体型的猎物的频率不同。金猫的主要猎物是啮齿类、雉类、小型有蹄类，此外，它们也会捕食少量猴子和其他小型动物。

换句话说，金猫的生态位的的确确就相当于大一点儿的豹猫，而非小一点儿的豹。如果一个生态系统中的大型食肉动物如豹、狼消失，金猫这样的中型食肉动物并不能取代大型食肉动物的生态功能。

豺、狼、虎、豹是无可替代的，大型有蹄类的种群只能通过大型食肉动物来进行自然调节，而金猫只能够对数量众多的小型动物起到控制作用。

急需保护的金猫

总的来说，金猫的种群数量在其分布区内都在减少。

2015 年，IUCN 将金猫列为近危，理由是过去数年间，大量栖息地丧失和盗猎导致金猫的数量减少了 20% ～ 30%。在东南亚地区，受伐木、开垦、水电站建设等人为活动的影响，森林面积日渐减少，栖息地的破碎化严重影响了金猫的生存。此外，金猫还会被当成野味猎杀，其骨头会被用于传统医药，毛皮被非法交易，它们甚至还被视为虎皮和虎骨的替代品，越南就曾没收过被涂成虎皮色的金猫毛皮。

◀ 四川新龙，金猫斑斓的皮毛与背景的秋季森林相得益彰。猫盟、新龙县林业和草原局 / 供图

▶ 西藏墨脱的花斑型金猫。西藏生物影像调查研究所、猫盟 / 供图

在泰国的某些地区，金猫被称为火老虎（Seua fai）。在当地的神话故事中，人们认为留着金猫的一些毛发可以免受老虎的伤害，燃烧其毛皮可以将老虎驱赶出村庄。

无差别的陷阱捕猎也加大了对金猫的伤害。在不丹的森林中，人们针对麝和雉类所布的陷阱也严重威胁到了金猫。还有人会因为牲畜的损失而对金猫进行报复性猎杀。

如果未来不采取任何保护措施，金猫离“易危”的境地也就不远了。

在中国，金猫的种群衰减也很严重。与主要分布在北方的猞猁形成鲜明对比的是，猞猁如今依然广布在大多数历史分布区，但金猫却已经从安徽、江西、湖南、湖北、广东、广西、贵州、福建、浙江等历史分布区消失了。

要想留住这种神秘的猫科动物，首先需要大力保护金猫现有种群的栖息地，以确保目前残存的金猫种群不再继续退化。其次，在无差别盗猎严重的地区，需要改变当地居民的观念，让他们参与到对金猫及其猎物和栖息地的保护中来，才能实现真正的变化。与此同时，我们也需要开展更多的研究，全面了解金猫的种群数量、活动特点和栖息地类型，以提供更科学的保护。

这些美丽的“彪”形大猫，希望它们的斑斓，未来能继续闪耀山林。

MARBLED CAT

云猫

近危

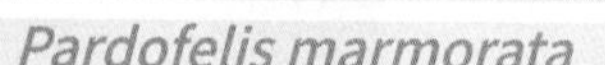

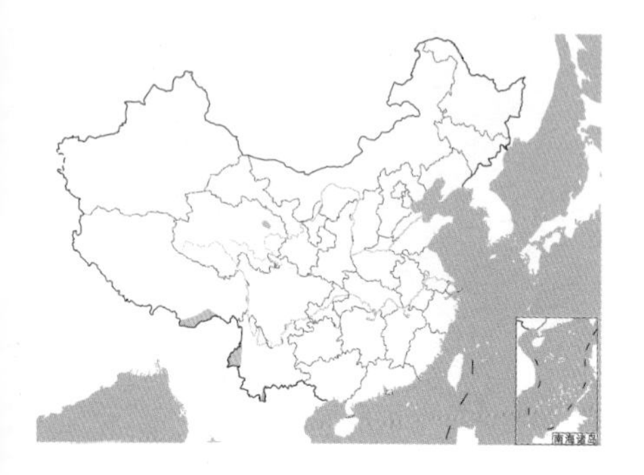

演化和分类

云猫虽然长相与云豹接近，但属于金猫支系，与金猫、婆罗洲金猫的亲缘关系更近。大约 600 万年前，云猫的祖先就与金猫的祖先“分道扬镳”，独立演化。

关于云猫的分类学研究不多，

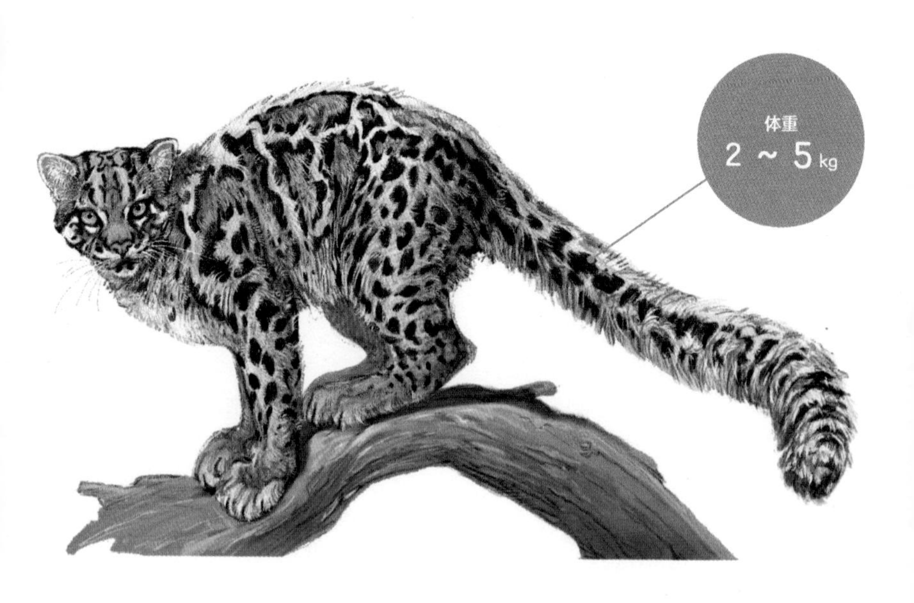

体长 45 ~ 62 cm

尾长 36 ~ 54 cm

◀努力伸直尾巴的云猫。云南西双版纳国家级自然保护区科研所、西双版纳易武州级自然保护区、猫盟 / 供图

它被分为两个亚种：生活在苏门答腊岛和加里曼丹岛的巽他亚种（*P. m. charltoni*）和东南亚大陆上的指名亚种（*P. m. marmorata*）。最新的观点认为，这两个亚种可能是两个独立的物种，类似云豹和巽他云豹的关系，指名亚种的云猫花纹比巽他亚种更大、更接近云纹。

形态

云猫就像一只缩小版的云豹，其大小与家猫相仿或比家猫略大。可能是因为它有一条几乎与身体一样长的粗大尾巴以及一身厚而柔软的毛发，云猫看上去很大。在红外相机拍摄到的野外照片里，云猫看上去几乎是在同样位置拍到的豹猫的两倍大，但这主要是因为热带地区的豹猫体型比较小。云猫的体长为 45 ~ 62 厘米，体重为 2 ~ 5 千克——其体重并不像它看上去那么重。

云猫身上长有大理石状斑纹，与云豹非常类似，其英文名石纹猫（Marbled Cat）也许更加贴切。云猫的头部浑圆，面部宽而扁平，下巴处有个非常典型的黑斑。跟云豹一样，云猫也拥有与其体型不相称的巨大犬齿，这意味着它与云豹虽然亲缘关系较远，但存在趋同演化现象。

云猫的四肢短粗、强健，脚很大，加上它的大尾巴，意味着它高度适应树栖生活。这条能帮助云猫

◀云猫总是出现在有大树的原始森林里。猫盟、自然影像中国、云南铜壁关省级自然保护区 / 供图

在树上保持平衡的尾巴让它在地面行动时显得有点儿滑稽：云猫总是弓起腰，努力让尾巴僵硬地伸直，以免拖到地上。

分布和栖息地

与云豹相比，云猫的分布局限在亚洲南部，中国云南—西藏是其分布的最北线。中南半岛和马来西亚、印度尼西亚都有云猫的分布，但只限于森林完好的地区。在南亚，云猫见于喜马拉雅山脉南麓的低海拔森林里，最高可能到达海拔 3810 米的高山森林。

云猫偏好低纬度的常绿森林，包括热带雨林和季雨林。云猫的树栖性意味着其非常依赖连续的成熟森林。虽然目前拍摄到的野外照片中，云猫大部分时间都出现在地面上，但这只是因为红外相机都安装在地面附近，因此我们并不清楚云猫在树上活动的时间有多少。

在中国，云猫只会在森林保存完好的地区被拍到，包括西藏墨脱、云南德宏州盈江、云南西双版纳州勐腊。在中国，云猫的分布区与云豹高度重叠，这充分体现出这两种猫在生境选择上的一致性。云猫并不在意山势是否陡峭，但非常依赖拥有大树的森林。那些挂满了寄生蕨类和兰科植物的大树上食物众多，而云猫也在 600 万年的演化之路上形成了适应这一环境的身体结构。相比于云豹，云猫或许更加能够作为热带森林的代表物种出现在人们面前。

食性

目前，关于云猫的食性研究较少，只能根据有限的野外观察来总结、推测。从其高度树栖的习性来看，它应该以热带森林里树上的鸟类、松鼠、鼯鼠、蝙蝠等为主要猎物，蛇类和蜥蜴、树蛙想必也在它的食谱里。在泰国，曾经有人目击云猫捕食菲氏叶猴的幼崽。此外，还有许多报道说云猫会在树上探索树洞，寻找里面的鼯鼠——亚洲热带森林里一种数量丰富的动物。

在野外观察到云猫的人会将其描述为一种能够在树上灵活活动的小猫，人们形容它在树上就像壁虎一般，可以头朝下地快速下树，这不是每种猫都能做到的。在云南盈江生态爱好者组织的一次夜观活动中，所有人都看到一只云猫趴在树上，在受到惊扰后敏捷地隐藏进树冠里。云南铜壁关省级自然保护区的红外相机曾经记录到一只云猫从小路上经过，它跳上路边的一棵大树，在上面搜寻，并东张西望，确定自己在这棵树上将一无所获后，它才跳下树继续前进。

▲藏身树上的云猫。布拉姆·迪穆拉米斯特 / 摄

习性

人们对云猫的生活史基本上一无所知。中国的野外调查显示，云猫大多在白天活动，但夜间也会出现。

大多数时候，被拍摄到的云猫都是单独活动的，这意味着它们遵循着大多数猫科动物的独居习性。云猫的家域缺乏研究数据，泰国的一只雌性云猫在一个月内的活动范围大约为 5.3 平方千米。

在中国的野外调查中从未见过带着幼崽的云猫，云猫在野外会选择在哪里繁殖、如何抚育幼崽，都还是谜。但有一次，红外相机拍摄到云猫的求偶行为：雌猫主动地在雄猫肚子下面钻来钻去，发出交配的邀请，而这一切都是在地面进行的。

一些圈养个体的记录表明，云猫一胎产崽两只，幼猫不到一岁便可独立，大约两岁时性成熟。

种群现状和保护

云猫被 IUCN 评估为近危，在局部地区，云猫的种群密度较高，但整体而言，其种群数量正在下降，种群状态不容乐观。马来西亚沙巴州的云猫密度为每 100 平方千米 7.1 ~ 19.6 只，这里被认为是云猫密度最高的地区。其他地区，特别是亚洲大陆上，云猫密度可能要

▶ 云南铜壁关省级自然保护区夜间活动的云猫。猫盟、自然影像中国、云南铜壁关省级自然保护区 / 供图

▶ 头朝下下树的云猫，这是云猫和云豹的绝技。约翰·恩布雷乌斯 / 摄

低一些。中国云南西部和西藏的野外调查表明，云猫的拍摄率要高于豹猫，这说明在栖息地质量较高的情况下，即便是分布区边缘，云猫数量也并不少。但越南、老挝、柬埔寨及缅甸的云猫种群都需要重点关注，这些地方的虎、豹、云豹都在迅速减少或已经灭绝，云猫同样面临严重的威胁。

东南亚地区的云猫不可避免地面临着森林消失和盗猎的威胁。虽然并不存在专门针对云猫的盗猎，但在这个区域，所有的猫科动物都是典型的盗猎受害者。而对高度依赖原始森林的云猫来说，森林砍伐或许是更严重的威胁。与金猫、豹能够适应改造后的林地不同，云猫对于环境改变的适应能力甚至还不如云豹。原始森林的消失对云猫而言是致命的，而东南亚地区是全球原始森林消失最快的地方。

在中国，云猫被列为国家二级重点保护动物，其主要分布区都已建立保护区，这些保护措施或许会给云猫打造一些避难所，但最终成效取决于我们究竟能够保存多少云猫所需的原始森林。

云猫——拥有超长尾巴的世界最美小猫

由无数落叶与腐叶织就的地面上，一只身上带有大理石般花纹的小猫从另一只同类的身后追上，轻轻咬住对方的后颈，双方热烈地互相蹭着下巴。过了没多久，这只小猫身下的雌猫又开始在它的肚子下钻来钻去，长长的尾巴如同手臂般上下晃动，就好像在玩我们儿时玩过的“一网不捞鱼”的游戏一样……

这段来自德宏的影像（见 162 页扫码视频），至今仍是全球唯一关于云猫求偶行为的影像记录。

云猫这个名字听起来跟云豹很像，在中国西南边境，它们之间的关系就像豹猫和豹——云猫是云豹的小型版，喜欢同样的生境，拥有相似的适应能力，在大部分有云豹的地方，云猫也不会缺席。但和曾经广布于中国南方的云豹不同，云猫在中国只是狭域分布，在云豹尚未退缩到西南边境以前，相对于地盘广大、种群繁盛的云豹，云猫不过是其在西南地区的“远房亲戚”。

云猫散落在中国西南边境的丛林，身上拥有和云豹一样的大块深色云状斑纹，丛林里幽密的环境是其最好的保护色。身手矫健、常以大树为依的云猫也常逃过布设在地面的红外相机的捕捉。因此，在全球范围内，云猫的影像记录少之又少。

世界上最漂亮的小猫

在中国，云猫被发现的时间相当晚，这可能跟它们与云豹同域分布且形态相似有关。云猫在中国的首个记录是 20 世纪 70 年代产自云南丽江的几张毛皮标本。进入 21 世纪以前，云猫在云南的最后一笔确切记录，则是 1984 年 12 月哀牢山的两件标本。

2006 年，北京大学的李晟博士在云南贡山县拍到了一张来自独龙江的毛皮。最开始，相似的云朵状斑纹让他以为那是一张云豹的毛皮，但仔细辨认后才发现是云猫。这恐怕是进入 21 世纪后第一个被确认的中国云猫记录，可惜这并不是一只活的云猫。

2014 年底，香港嘉道理中国保育与云南高黎贡山国家级自然保护区的一次联合物种调查中，两次拍到了云猫在夜间活动的影像，这也是云南多年来再次发现云猫。紧接着，从 2014 年 12 月到 2015 年 4 月，猫盟与西藏生物影像调查研究所在西藏墨脱和察隅地区进行考察时，记录到了日间活动的云猫影像。

虽然花纹相像，但云豹和云猫体型相差甚远，前者的体重在 16 ~ 25 千克，而后者仅仅 2 ~ 5 千克，一看就知道一个是大猫，一个是小猫。二者的血缘关系也差得挺远，云豹属于豹支系里的云豹属，云猫则属于金猫支系里的云猫属，这也意味着在遗传学上云猫与金猫的亲缘关系更近。

细看云猫的花纹，其前额的斑点在颈部汇合成狭窄的纵向条纹，在背部则为不规则的条纹。而且由于生境不同，其毛色也存在着从深灰棕色、黄灰色到红棕色等多种色型。2001 年，苏门答腊岛巴里杉西拉坦国家公园（Barisan Selatan National Park）的红外相机还拍到了目前唯一一只黑色型个体。

◀ 将尾巴翘至头顶的云猫，可见其尾巴又粗又长。猫盟、自然影像中国、云南铜壁关省级自然保护区 / 供图

依赖森林

云猫广泛分布在喜马拉雅山脉以南狭长的热带地区。原产于印度和尼泊尔的云猫从印度北部沿喜马拉雅山麓向西进入尼泊尔，向东进入中国西南地区，并一路扩散至苏门答腊岛和加里曼丹岛。

云猫仅生活在森林生境，尤其是潮湿的常绿阔叶林中，喜马拉雅山脉海拔 3000 米以下未受人为干扰的针叶林、阔叶林和热带雨林里都有它们的身影。2016 年，在不丹的吉格梅 · 多吉国家公园（Jigme Dorji National Park）海拔 3488 ~ 3810 米的针阔叶混交林中记录到一只云猫，刷新了云猫分布的最高海拔。

和云豹一样，云猫也是猫科动物中对栖息地十分挑剔的“处女座”。如果说大个子的云豹尚且展现出一定的环境适应性，并进入福建、江西、安徽等偏北方的森林中，那小个子的云猫则显示出对

▲ 在夜色下目光如炬的云猫。猫盟、自然影像中国、云南铜壁关省级自然保护区 / 供图

雨林的强烈依赖性。没有雨林，就没有云猫。在部分受人为干扰的雨林（如次生林和砍伐林）中，还可见到少量的云猫个体，但在遭受严重人为干扰的地区，从未发现过云猫的踪迹。

适应树栖

人们都为猫科动物的颜值所倾倒，但颜值对猫科动物来说更多的是生存所需。

云猫的头骨小而圆，脸宽而短，全身比例看起来不大协调——近乎“十二头身”……但在生存面前，超纲的比例算什么？

精巧而圆润的头骨结构和扁平宽阔的鼻翼使得云猫视野开阔，这与琥珀色的大眼睛、纵向的椭圆形大瞳孔一结合，云猫便有了在弱光条件下也能聚光的能力和远近自如的伸缩视觉。得益于此，在幽密丛林的弱光下，云猫依然目光如炬。

云猫的爪也比一般小猫要大，其脚掌的宽度是长度的两倍。云猫趾间带蹼，爪子可灵活伸缩，非常适合攀爬树干。和云豹一样，它也能以头朝下的姿势飞速下树。

而其最吸睛的长尾巴，长度可达 36 ~ 54 厘米，为体长的 3/4 以上，一些个体的尾长甚至超过体长，这一点比起同样拥有大尾巴的雪豹毫不逊色。更令人惊叹的是，云猫在行走时，长尾会一直平行于地面，或高高翘起，不会拖曳于地。

这是洁癖吗？不，这是实力。

与云豹那黑得整整齐齐的尾巴不同，云猫尾尖近端有黑点，远端有环。长尾使其在攀缘时拥有超强的平衡能力。就像雪豹的尾巴能让它们在陡峭的岩壁上追击岩羊，云猫的长尾也能让它们在树上纵跃自如。再加上强有力的大爪子，云猫在林间的捕食成功率大大提升。

唯一与“萌”无关的身体特征是，云猫的齿列巨大，特别是犬齿，类似大猫，能更好地撕扯猎物。

独特的食谱

云猫为什么不好好在地面行走，非得上树？有别于同生境内的竞争者的差异演化，数百万年来，云猫形成了一套“树冠层”食谱。

云猫依赖于森林树冠层为之提供的鸟类和树栖的小型哺乳动物，包括松鼠、树鼩、小型灵长类动物、鼯鼠和果蝠等。当然，其他动物，如蜥蜴、青蛙和昆虫等，也会成为云猫的“盘中餐”。

据马来西亚沙巴州丹浓谷自然保护区的观察，夜间云豹常在地面，而云猫常在树上活动，专门捕食夜间钻出树洞活动的鼯鼠。云猫会定期造访活动范围内的所有鼯鼠洞，因为合适的洞穴来之不易，空出来的鼯鼠洞很快就会被新的鼯鼠占据，如是反复。在丹浓谷自然保护区的观察记录里，一只云猫曾连续几个月每天前往不同的鼯鼠洞，还会在黄昏时分出手。有学者认为，被砍伐的森林中云猫的数量远少于原始森林，很可能就是因为鼯鼠洞锐减，导致云猫的猎

▲鼯鼠是云猫最爱的食物。宋大昭 / 摄

物数量下降。

回想起在西双版纳拍到云猫时的生境，猫盟负责人大猫恍然大悟：“我就说那里的树上会有鼯鼠。”而与鼯鼠体型相差无几的巨松鼠等，估计也是云南的云猫钟爱的口粮。曾经监测过云猫的云南铜壁关省级自然保护区的调查员赵加仓则认为，在云南的雨林里，云猫的食物是雉鸡，因为雉鸡常常在海拔 2600 ~ 3000 米的位置活动，在那里布设的红外相机拍摄到云猫的概率更高。

在泰国，还有人曾目击云猫捕猎幼年的菲氏叶猴。

夜行还是日行？

大多数猫科动物都喜爱夜行，会选择在晨昏时分在林间穿梭游荡，云猫同样让夜间的树栖性动物闻风丧胆。但云猫只喜欢夜行吗？

2000 年 5 月，一只成年雌性云猫被困在泰国绿山野生动物保护区常绿混交竹林的一条小路上，人们给它戴上无线电项圈，追踪了一个月——这是人类有史以来第一次给云猫戴项圈。项圈记录显示，它的活动区间位于海拔 1000 ~ 1200 米，范围为 5.3 平方千米，夜间和黄昏时段较为活跃。

但云猫不只在夜间活动。印度东北部的数据显示，云猫在白天更为活跃，中午时分更是达到活动高峰。在世界自然基金会监测的缅甸雨林里，81% 的云猫影像摄于白昼。这可能是因为喜欢在鼯鼠洞口守株待兔的云猫白天会更多地在地面活动，寻找新的鼯鼠洞（地面的巡视效率更高）；而当夜幕降临，它们便会回到夜间的猎场，在树上守株待兔。由此，云猫便错过了地面布设的“秘境之眼”。

迷雾重重的云猫

云猫和其他伴生物种的关系如何？同是小猫，云猫、豹猫和丛林猫之间会有怎样的竞争关系？体型更大的亚洲金猫和云豹会对它形成压制吗？

在印度尼西亚巴厘巴板，云猫比豹猫常见，但豹猫被红外相机拍到的次数明显更多。因此，这很有可能是红外相机调查方法所产生的监测误差，但也可能存在其他影响变量。

有趣的是，在云南德宏，猫盟发现云猫的拍摄率高于豹猫。这让人非常好奇：难道树栖能力强劲的云猫在森林中的生存能力要高于有“生态系统的底线”之称的豹猫吗？

关于云猫，人类还有很多盲区。在云猫赖以为生的森林里，当冬季来临，果实减少，一些植食性动物转移阵地时，云猫是否会随着猎物往海拔更低的地区迁徙？雌性钻肚子的求偶行为是云猫独有的吗？它们有怎样的繁殖节律？

我们很幸运，生活在一个拥有云猫的国度，但与其他国家的居民一样，我们对它们知之甚少。云猫给我们留下的谜题实在太多了。

与此相对应的是，无论在哪个分布区，云猫都缺乏必要的关注和保护。

亟待保护的云猫

2008 年，根据有限的种群评估数据，IUCN 将云猫列为易危，2015 年，将其调整为近危。但这并不代表云猫种群数量增加，或保护趋势向好，而恰恰说明了调查和研究的不足。

评级理由是这么说的：一来，近年来亚洲越来越多的红外相机调查证实了部分地区云猫种群的存在，其个体数量均多于此前的预测；二来，云猫分布海拔范围广，所居生境多为山势崎岖之地，人为干扰较少。综上，在其 150 万平方千米的分布范围内，种群密度不会低至每 100 平方千米 1 只，因而其种群数量无论如何不会低于易危标准的 10 000 只。

然而，云猫这 150 万平方千米的分布区还是理想的完整一块吗？目前所参考的文献涉及的调查在多大范围内覆盖了正遭受毁林威胁的历史分布区？

对于高度依赖森林的云猫来说，它们鲜见于人类定居之所，并不能表明它们的生境人为干扰少，而恰恰说明了它们对于人为干扰以及栖息地变化的高度敏感性。近年来，在云猫的主要分布区——东南亚，各个国家对森林的砍伐和开发愈演愈烈，保护区之外的原始林数量锐减，云猫的栖息地状态令人忧心忡忡。

除了栖息地丧失的威胁，云猫还面临着人为猎杀的压力。印度在所谓的“阿鲁纳恰尔邦”（即我国藏南地区）齐罗河谷的一项调查表明，人们经常捕杀云猫用于商业贸易、维持生计或者入药。而同一地区的访谈显示，每年3月和4月，当地的猎人都会杀死一只云猫，取血用于祭祀仪式，保佑家人平安、粮食丰收，免受野生动植物和疾病侵害。

尽管云猫分布范围内的大多数国家法律中都有禁猎一条，但不丹、文莱、柬埔寨和越南等国家对云猫的保护依然暧昧不明。

在中国，受限于狭域分布和调查研究的不足，云猫的种群数量未知。2021年1月，云猫终于被写入了国家二级重点保护动物的名单。

作为原始林的标志性物种，云猫和它们的生境一样，独特而稀缺。我们盼望能有更长的解谜时间，不要让这“世界最美小猫”失落于中国。

▲高黎贡山的云猫。云南高黎贡山国家级自然保护区保山管护局腾冲分局 / 供图

EURASIAN LYNX

猞猁

Lynx lynx

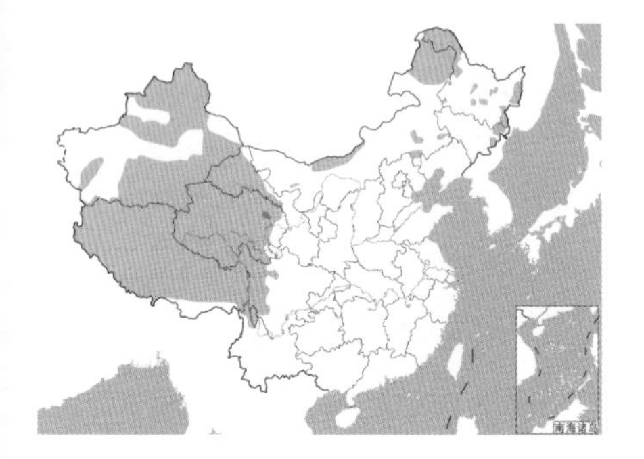

演化和分类

猞猁是中国唯一一种猞猁属（*Lynx*）成员，但在世界上，为区别于猞猁属的其他成员，也将其称为欧亚猞猁。在猞猁属的四个成员（猞猁、伊比利亚猞猁、加拿大猞猁、短尾猫）中，猞猁是体型最大的。

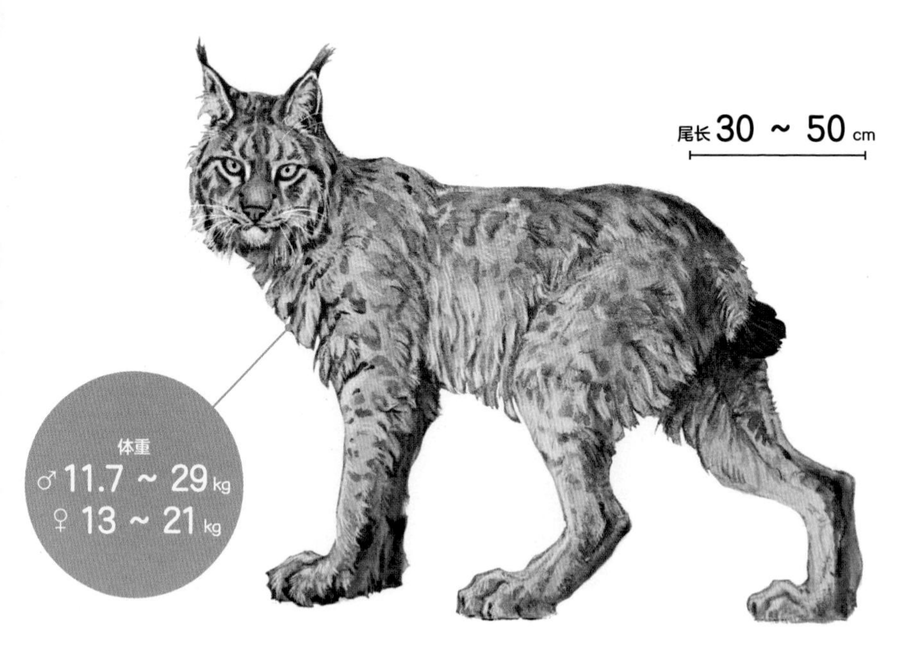

▶ 明显的耳尖簇毛是猞猁的标志性特征。祁连山国家公园青海管理局、北京大学、猫盟 / 供图

大约在 700 万年前，猞猁支系最早的成员就开始出现了。猞猁是这个家族里最晚分化出来的。大约在 100 万年前，猞猁才和伊比利亚猞猁分开，成为独立的物种。

2017 年，分布广泛的猞猁根据其分布区被分为 6 个亚种，其中，分布于欧洲中部喀尔巴阡山脉的是喀尔巴阡亚种（*L. l. carpathicus*），分布于巴尔干地区的是巴尔干亚种（*L. l. balcanicus*），分布于中亚青藏高原和喜马拉雅地区的是青藏亚种（*L. l. isabellinus*），分布于土耳其、伊朗和高加索地区的是高加索亚种（*L. l. dinniki*），其余的被归类于广布的指名亚种（*L. l. lynx*）和西伯利亚亚种（*L. l. wrangeli*）。亚种的分类都可以看作暂时的，可能会在有更多的研究后加以更新。

形态

猞猁的体型小于豹，与云豹相仿，比金猫及其他小型猫科动物都要大。雌性体重 13 ～ 21 千克，雄性体重 11.7 ～ 29 千克。猞猁的体长为 85 ～ 110 厘米，尾长约为体长的 1/3，是一种尾巴很短的猫。

猞猁的长相非常特殊，除了标志性的短尾巴，猞猁的面部也非常有特点：两颊长有明显的“络腮胡”，耳朵上有明显的簇毛。

猞猁的腿较长，而且后腿比前腿长，看上去总是撅着屁股。猞猁四足宽大，趾间有连接的皮瓣，脚底在冬季时会覆上长绒毛，这有助

于它在雪地活动。这种身体结构，加上较轻的体重，使得猞猁能够在雪壳上行走而不陷进雪里。这不但有利于猞猁捕猎，同时也让猞猁不会受到虎、豹的压制，因为这些大猫会避免在积雪过于深厚的地方活动，而猞猁的分布比虎、豹更偏北方。

猞猁的毛色图案通常可以归为4种斑纹类型：纯色（或有不明显的斑纹）、密布的实心小斑点、类似于豹的花瓣状空心斑点、类似于花斑色型金猫的不规则斑块。所有斑纹类型的猞猁，腿部都有比较明显的斑点。通常，分布区靠近欧洲中部和南部的猞猁，斑纹较为明显，底色也略鲜艳，接近橘黄色；而分布在北方或亚洲东部的猞猁毛色更淡一些，多为浅棕黄色，冬季毛色更淡，毛也更长。

分布和栖息地

猞猁广泛分布于亚欧大陆北部。从俄罗斯远东地区的太平洋白令海沿岸，直到挪威、芬兰的大西洋—北冰洋沿岸，都有猞猁的分布，在亚欧大陆的温带地区，猞猁是分布范围最广的一种猫科动物。在中国，猞猁主要分为东北—内蒙古—新疆北部的森林猞猁和青藏高原上的高原猞猁两大类群。

猞猁对环境的适应能力很强，栖息地可能比豹的多样化。欧洲到亚洲北部大部分地区的猞猁都生活在森林里，从冬季积雪很厚的针叶林，到大兴安岭—长白山的白桦林和针阔叶混交林，都能看到猞猁的

▲ 森林里的猞猁。猫盟、巧女基金会 / 供图

▼ 祁连山河谷灌丛地带的猞猁。祁连山国家公园青海管理局、北京大学、猫盟 / 供图

身影。青藏高原和喜马拉雅山脉的猞猁生活在海拔 3000 ~ 5000 米的复杂环境里。从河谷布满沙棘的灌丛地带，到由云杉、青冈组成的混交林，再到高山草甸和草原地带，都有猞猁的踪迹。在蒙古和中国内蒙古、新疆的一些荒漠和崎岖的山地，也能发现猞猁。

食性

猞猁虽然是一种中型猫科动物，但是在大多数分布区里，它和大型猫科动物一样，主要以中型有蹄类为食，其中最重要的猎物是狍。

猞猁一半以上的分布区里都有狍，在亚洲主要是西伯利亚狍，在欧洲则为西方狍。除狍以外，不同地区的猞猁还能捕食马鹿、白唇鹿、梅花鹿、驼鹿、北山羊、塔尔羊、盘羊、岩羊、藏原羚、藏羚等多种有蹄类或其幼崽。在大兴安岭、阿尔泰山的白桦林或泰加林里，猞猁主要捕食狍或马鹿的幼崽，在内蒙古的一些地方可能也是如此。在青藏高原的山地和草原，猞猁主要捕食高原兔，这使得它能够避免与豹或者雪豹竞争。

冬季，猞猁能够利用其在雪地中活动灵敏的优势来捕猎腿脚陷入雪中的大中型有蹄类。在有蹄类数量较少、不足以填饱肚子的地方，猞猁会选择野兔作为主要的猎物。

在大部分分布区，从春天到初秋，猞猁的食性更为多样。它们会频繁捕食小型动物，主要包括鼠兔、野兔、小型啮齿类、松鼠、旱獭和鸟类，尤其是松鸡等体型较大的鸟类。猞猁经常会杀死一些小型肉食动物，尤其是赤狐，偶尔还会捕杀藏狐、貉、松貂、狗獾、欧亚水獭等，但不确定是否会吃。

猞猁捕猎的策略和大多数伏击型猫科动物类似，都是潜伏接近，而后突然袭击。但在冬季，猞猁也会对在雪地里移动缓慢的有蹄类发起直接攻击。据报道，猞猁会跳到大型有蹄类的背上，咬住猎物的脖子，但由于其体重不足以迅速压倒猎物，往往会被猎物拖行数十米之远。对于野兔等小型猎物，猞猁会偷袭并追击，也会潜伏在洞口等待猎物出现。

祁连山青海片区的牧民反映，猞猁会在夏季吃掉很多羊羔。关于猞猁捕食家畜和家禽的报告虽然并不多，但在其分布区范围内都存在这种现象。

习性

猞猁平时独居生活，仅在发情期会结对行动。猞猁家域很大，与大型猫科动物相仿。欧洲阿尔卑斯山脉的猞猁，雌性家域为 106 ~ 168 平方千米，雄性为 159 ~ 264 平方千米；挪威南部的雌性、雄性猞猁

◀标记领地的猞猁。猫盟、巧女基金会 / 供图

◀嗅闻环境中是否有其他个体气味的猞猁。祁连山国家公园青海管理局、北京大学、猫盟 / 供图

家域则分别约为 832 平方千米和 1456 平方千米。

猞猁在春季（通常是 3 月）发情，幼崽在 5 ~ 7 月出生，每胎 1 ~ 4 只，常见两只幼崽。

小猞猁不到一岁便可独立，然后开始扩散。雌性亚成体扩散距离较短，可能就在出生地附近建立领地，而雄性则可能走得更远。猞猁大约在两岁以后便可以繁殖。

猞猁在自然界中存在一些强有力的竞争者，如虎、豹、雪豹、狼、豺等，但猞猁与之发生冲突的例子并不多见，它能够通过食物上的差异化回避这些竞争者。在青藏高原，雪豹似乎对猞猁并不构成威胁，但在豹数量较多的地方，猞猁相对罕见。

种群现状和保护

全球范围内，猞猁的种群数量相对乐观。许多猞猁生活在人烟稀少的亚欧大陆北部和青藏高原，因此栖息地较为完整。俄罗斯的猞猁种群数量达 30 000 ～ 40 000 只。中国的猞猁种群虽然并无具体统计，但青藏高原的野外调查表明，猞猁的分布非常广泛，在祁连山西部的一些地方和三江源地区，红外相机对猞猁的拍摄率较高。

但是在一些边缘分布地带，猞猁的情况并不乐观。西欧的猞猁就曾经因人为猎杀而灭绝，虽然现在已经有重引入种群，但依然是小而分散的。巴尔干地区的猞猁非常濒危。而中亚的猞猁缺乏调查数据，人们对其情况所知甚少。

猞猁面临的主要威胁来自猎物的减少，人类对有蹄类的狩猎可能会导致猞猁食物短缺。而栖息地丧失或破碎化对于家域较大的猞猁而言也是严重的威胁。

在中国，猞猁被列为国家二级重点保护动物。虽然历史上猞猁因为毛皮贸易而被大量猎杀，但得益于近年来的保护措施，现在在青海或新疆的一些地方，猞猁的野外遇见率相对较高。

◀ 草原上从容巡视的猞猁。祁连山国家公园青海管理局、北京大学、猫盟 / 供图

猞猁——被低估的“北境之王”

在青藏高原上，生活着三种重要的猫科动物——“大猫”雪豹、“中猫”猞猁和“小猫”兔狲。在雪豹以“雪山之王”的形象成为保护的明星物种，兔狲靠着卖萌走红网络时，猞猁则显得平平无奇、默默无闻。但凭借着强大的适应能力，猞猁占据了亚欧大陆广袤的北温带地区，从森林、灌丛、草原到高山裸岩地带，堪称当之无愧的“北境之王”。如此看来，其实猞猁是一种被低估的动物，尽管极低的曝光率限制了它的走红，但作为颜值与能力兼具的强者，猞猁也留下了不少传说。

传说中的三兄弟

在藏族传说中，猞猁、兔狲和雪豹这三种青藏高原最重要的猫科动物其实是亲兄弟：由于父母早逝，老大兔狲含辛茹苦地养育两个弟弟，导致自己缺衣少食，最后落得四肢短小，一副武大郎的模样；老三雪豹娇生惯养，长得高大英俊，气质高贵，十足的公子哥派头；猞猁则再次捍卫了二哥的“人设”——低调。如我们所知，一家三个孩子里，中间的那个总是最不受关注的。缺少关爱让猞猁君

◀在红外相机镜头前回眸的猞猁，背景的高山峡谷更衬托出其王者的威严。山水自然保护中心 / 供图

▲青藏高原猫科三兄弟：憨态可掬的兔狲（左上）、独来独往的猞猁（下）和高大英俊的雪豹（右上）。山水自然保护中心 / 供图

生性孤僻，每天神出鬼没，并且患有严重的“沟通障碍”，不愿和大家一起玩，每天独来独往，极难找到它的踪迹。

神秘低调的“二哥”

虽然如今雪豹和兔狲分别靠卖酷和卖萌走红网络，而猞猁依旧默默无闻，但其实猞猁的造型一点儿也不差：看不出有一丝多余脂肪的矫健身体，明亮中带些狡黠的眼神，神出鬼没、一听到声响便“逃之夭夭”的个性，以及竖立并且尖部带着一小撮毛的耳朵……猞猁完全具备成为“偶像派”的潜质。

◀大长腿、小短尾和耳尖簇毛让猞猁辨识度极高。山水自然保护中心 / 供图

猞猁被低估的原因可能很简单——这家伙实在太神秘了。北京大学的肖凌云博士来到三江源后便很快目击到 12 次雪豹，其爆棚的“猫运”让同伴们艳羡不已，但她的猞猁目击记录却在很长一段时间内停留在“1”这个数字上。

在昂赛大峡谷里，基本上每走一步都可以看到高原兔，这为猞猁提供了丰富的食物，因此可以推测这里的猞猁并不少，但是要见到却不太容易。有一次，山水自然保护中心的研究人员傍晚才回到昂赛工作站，由于太阳能电力还没恢复，他们打开手机以及手电筒，享用“灯光晚餐”。“猞猁！”有人喊了一声。他们迅速跑出去，却只看到一个会动的“像素块”在暮色里慢慢远去，但从体型、毛色和短小的尾巴来看，这毋庸置疑是一只成年的猞猁。

雪豹经常因为行踪隐秘而被称为“幽灵猫”，相比之下，猞猁显然是有过之而无不及。在三江源布设的红外相机的记录中，猞猁的出镜频率远低于雪豹。曝光率这么低，要想红起来当然就难了。

形象多变的猞猁

山水自然保护中心的第一批三江源研修生开赴高原时，汽车驶过一片连绵起伏的石山栖息地，一位先期曾到这里开展工作的同事介绍说：“我们访谈时，有牧民说这里经常有猞猁出没，一只兔狲的窝也在附近。”有人立马追问：“那兔狲到底是兔子还是猴子？猞猁和佛教有啥关系？”显然，这是由“狲”联想到了猢狲，还把“猞猁”和“舍利”联系到了一起。猞猁在古代曾被称为“猞猁狲”，按照这种逻辑，这家伙既有猴子的元素，又和佛教沾亲带故，还是“二师兄”，简直就是“大圣归来”的猫科版。不过，据考证，“猞猁狲”是蒙古语中对猞猁称呼的音译，最初存在“舍列孙”“失剌孙”“舍利孙”等多种译法，而后来居上的“猞猁狲”中“猞猁”二字显然正来自“舍利”。不过，这里的“舍利”跟佛教的“舍利”虽然同字但不同义。在古代，“舍利”（又作含利）是指善于幻化的西方神兽，曾频繁出现于汉代画像和文学作品中，如张衡在《西京赋》中写道：“含利颬颬，化为仙车。”蔡质在《汉官典职仪式选用》中称：“舍利兽从西方来，戏于庭极，乃毕入殿前，激水化为比目鱼，跳跃嗽水，作雾障日。”虽然画像中舍利兽的形象与猞猁相去甚远，但其善于幻化的特性跟神秘的猞猁不谋而合，因此在文字演化过程中，按照“飞禽安鸟，水族着鱼”的“新谐声字”传统，给“舍利”加上代表兽类的反犬旁而创造的“猞猁”一词获得了大众的认可，在五花八门的音译形式中后来居上，成为主流。

无独有偶，在西方的传说中，猞猁同样以善于变化著称。法国人类学家克洛德·列维-斯特劳斯写过一本《猞猁的故事》，着重分析在兽人时代传说中以文化英雄身份亮相的猞猁的角色。在这些传说中，猞猁时而扮演负面角色，通过制造浓雾或将所有动物关起来而使狩猎无法进行，进而导致饥荒；时而又扮演正面角色，创造新人类和各项文明艺术。斯特劳斯评价道：“在几乎所有的神话版本中，猞猁都具有双重性——一开始又老又丑、病魔缠身，最后变得年轻、英俊，但脸上还是会留下一块疤痕。猞猁既是创世造物的文化英雄，又是狡猾善变、贪图美色的兽人。”

猞猁多变的形象以及在兽人时代扮演的重要的文化英雄角色，在某种程度上说明了其变幻莫测的神秘性以及早期人类对其强大的生存能力的崇拜。

◀冰雪中从灌丛后探出头来的猞猁，看起来十分狡黠，颇有几分传说中的狡猾善变的气质。山水自然保护中心 / 供图

适应能力强大的猞猁

现今世界上猞猁家族一共有四位成员：伊比利亚猞猁是欧洲现存最大的野生猫科动物，也是家族里混得最惨的，数量一度跌到 100 只上下，目前仅在西班牙南部的安达卢西亚有繁殖种群；加拿大猞猁和短尾猫一北一南分享了北美大陆，在美国—加拿大国境线一带有共存，它们都被 IUCN 评估为无危；分布在中国的则是家族中个体最大、分布最广的“老大哥”——猞猁，也叫欧亚猞猁。

在欧洲中世纪黑暗时代以及之后相当长的一段时间里，由于其耳尖上有一小撮明显的簇毛，猞猁被人们臆想为魔鬼甚至“撒旦”的化身，导致其在欧洲被大量捕杀，之后又因其毛皮制品风行而成为捕猎目标。在人类影响较大的区域，猎物和栖息地丧失也压缩着猞猁的生存空间。

尽管如此，得益于其强大的适应能力，猞猁今天仍然占据了亚欧大陆北方的广大区域，从而在猫科动物大多种群数量下降、岌岌可危的背景下，维持着稳定而庞大的种群。历史上，猞猁曾广泛分布于整个北温带的森林、灌丛以及高山裸岩区域，今天它的许多栖息地仍处于较少受人类干扰的状态，比如俄罗斯广袤的泰加林和中国的青藏高原，因此除地中海种群外，猞猁整体被评估为无危。

除了能适应多种生境，猞猁强大的适应能力还体现在其多元的食性上。作为一种中型猫科动物，猞猁拥有可以媲美大猫的捕猎能力，在不同的地区它总能找到最优的捕猎策略。比如，在三江源地区，猞猁进可以和雪豹一样，捕猎岩羊和白唇鹿等有蹄类的幼崽，退则可以和兔狲一样，以高原鼠兔等啮齿类为食，但它主要以高原兔为食，这样就能避开雪豹等更强大的竞争对手。在寒温带森林里，猞猁是顶级捕食者，主要猎物则是狍。

在栖息地进一步破碎化、顶级食肉动物举步维艰的今天，虎、豹已经退出了大多数山林，猞猁逐渐成为北方森林中的王者。然而，作为中国分布最广、数量最多的中型猫科动物，猞猁却依然神秘莫测，难得一见。目前，对于猞猁的研究还有许多空白需要填补，进一步了解猞猁或许能够帮助我们更加接近这一神秘的动物。

▼ 灌丛中的猞猁。张程皓 / 摄

▲ 森林里的猞猁。山水自然保护中心 / 供图

LEOPARD CAT

豹猫

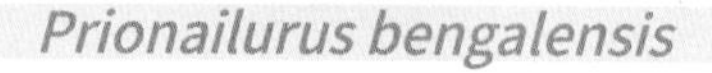

Prionailurus bengalensis

附录 II

国二

无危

演化和分类

豹猫是一种小型猫科动物，与渔猫、扁头猫、锈斑豹猫同属豹猫属。这个包含了 4 个物种的演化分支大约出现于 600 万年前，然后在 200 多万年前，大约在虎和雪豹开始分化的时候，豹猫的祖先也出现

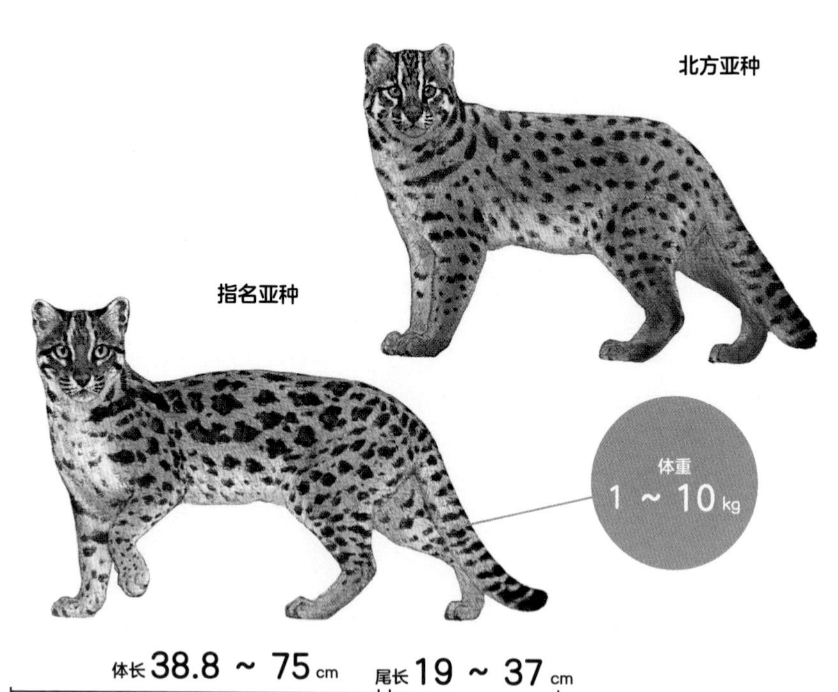

了。从此以后，豹猫凭借着强大的适应能力成为亚洲大陆上分布最广的小型猫科动物。

豹猫的亚种分化目前并无定论，一些岛屿上的种群都各自被划为不同亚种，数量多达 12 个。但现在一般认为亚洲大陆上的豹猫主要分为两个亚种：分布于长江以北和台湾岛的北方亚种（*P. b. euptilurus*），分布于长江以南直到东南亚克拉地峡以北的南方亚种（指名亚种，*P. b. bengalensis*）。一些遗传学研究认为，克拉地峡以南的马来半岛、加里曼丹岛、苏门答腊岛、爪哇岛和巴厘岛的豹猫应该归为一个独立的种，但更准确的亚种分类还需要进一步的研究。

形态

豹猫的体型差异很大，中国华北、东北至俄罗斯的北方亚种在秋冬季节体重可达 10 千克，而热带岛屿的一些豹猫体重可能还不到 1 千克。

一般而言，豹猫的体型与家猫相仿或略小。体长为 38.8 ~ 75 厘米，尾长约为体长的一半。与家猫相比，大多数豹猫体型更加纤细，头骨更加狭长，眼睛较大，耳朵为圆形。

不同地区的豹猫毛色差异较大，但均为灰褐色或黄色的底色映衬以深褐色至黑色的斑点，斑点有实心的，也有不规则花瓣状的。北方亚种的豹猫颜色相对暗淡，斑点也不是特别明显，特别是在冬季；而南方亚种的豹猫则斑点清晰、颜色艳丽，更像一只小豹。无论是哪里的豹猫，其面部斑纹都是典型且稳定的：眼眶内侧至额头有黑白相间的四道纵纹，这个特征是其区分于美洲的虎猫支系的重要特征。

豹猫的尾巴也颇具特色。与其他长尾巴的猫科动物不同，豹猫的尾巴在正常状态下看上去短粗且直，像根烤香肠。

分布和栖息地

豹猫分布于亚洲东部和南部的大部分地区，从温带一直到热带，最西一直可到阿富汗中部，并且在很多岛屿上均有分布，如中国的海南岛、台湾岛，菲律宾的巴拉望岛、班乃岛，日本的对马岛和西表岛等，豹猫甚至是日本本土唯一的野生猫科动物。而与豹猫同时分化的很多猫科动物却并没有出现在这些地方，如豹、野猫等。中国是豹猫最主要的分布区，除了新疆、青藏高原的高寒荒漠地带和甘肃、内蒙古的纯沙漠和草原地带以外，豹猫广泛分布于全国。

豹猫的适应力很强，它能够适应各种环境类型，但会避开开阔的草原、沙漠和荒漠地带，这些地理因素也是阻止豹猫进一步向西扩散

◀南方豹猫毛色艳丽，斑点清晰。猫盟 / 供图

◀北方豹猫毛色相对暗淡，特别是冬季，身上的斑点十分模糊。北京大学、猫盟 / 供图

的原因。总体来说，豹猫是一种偏向于森林郁闭环境的猫科动物，主要分布于山地森林地带。在西南山地，豹猫可以在海拔 4000 米以上的高山地带活动。但即便在距离山地较远的平原地带，也经常有豹猫的踪迹，它能够很好地适应湿地、农田、灌草丛荒地、滨海红树林等栖息地类型，甚至出现在一些城市公园里。事实上，只要环境能够提供足够的食物，豹猫就可以找到安身之地。

食性

豹猫以小型脊椎动物为主要猎物，在不同地区，啮齿类都是豹猫的主要食物。但随着环境的变化，豹猫对食物的选择也体现出很强的适应能力。北京大学对华北和西南地区的豹猫进行了食性分析，结果表明：无论哪个山区的豹猫，其食物的 90% 以上都是各种鼠类；然而在湿地公园生活的豹猫，其粪便中存在大量鸟类的成分。过去，日本的西表猫（日本西表岛的豹猫北方亚种）主要捕食当地的几种两栖类和爬行类，如石龙子、蛇和青蛙，以及一种蟋蟀；而当人类带来的鼠类开始在西表岛大量繁殖、形成规模后，西表猫的主要食物就变成了鼠类。

豹猫的捕猎能力很强，能够轻易地捕猎躲在草丛里的鼠，也会沿着灌丛追逐鸟群并跳起捕食。在海边的红树林里，豹猫会泅水捕捉白鹭。

豹猫甚至可以攻击家畜的幼崽。在北京，至少有几次生态补偿是因为豹猫咬死了小羊。俄罗斯也曾报道豹猫攻击有蹄类的新生幼

◀ 森林里的豹猫。北京大学、猫盟 / 供图

▶ 湿地芦苇丛中的豹猫。宋大昭 / 摄

◀夜间捕食的豹猫。黄耀华 / 摄

崽，包括狍、梅花鹿和长尾斑羚。但这些有蹄类并不会构成豹猫的主要食物。

习性

像大多数猫科动物一样，豹猫通常独居，拥有自己的家域。目前并不清楚豹猫之间是否会共用家域，但一只雄性豹猫的家域可能覆盖数只雌性豹猫的家域。野外观察表明，在一片栖息地里，不同的豹猫会利用同一条理想的兽道。

豹猫并不像大型猫科动物那样会利用刨坑等方式来做出明显的领地标记，但会通过尿液、粪便等方式来标记领地。在一些典型的地标处，通常是在裸露的岩石上，豹猫可能会反复排便，以加强印记。豹猫经常会在赤狐、貉等竞争者的粪便边上排便，这似乎是一种互相宣示主权的行为。

豹猫全天都可以活动，但更偏向于在夜间活动，这可能是为了与其主要猎物——鼠类的活动时间吻合。清晨之前也是豹猫活动的高峰期，在这个时间段，它可能偏向于捕捉鸟类。

北方豹猫通常在春季繁殖，而南方豹猫则没有固定的繁殖时间，一年四季都可以繁殖。豹猫一胎通常产崽 1 ～ 4 只，3 只最为常见。雌性豹猫独自抚养幼崽，幼猫大约一个月便可断奶，半岁即可独立生活。

豹猫的种群密度主要取决于猎物的数量。印度的一个保护区内，豹猫的密度为每 100 平方千米 17 ~ 22 只；日本西表岛的豹猫密度为每 100 平方千米 34 只；而在热带的沙巴，豹猫密度可达到每 100 平方千米 37.5 只。北京西北部山区的一项调查表明，在一条长约 15 千米的从山脊到山谷的山径上，一年间有超过 20 只豹猫在这里活动。

种群现状和保护

豹猫是一种分布广泛且数量丰富的猫科动物，就全球范围而言，其种群数量相对稳定，但在局部地区，豹猫依然受到人为猎杀和栖息地减少的威胁。在中国，豹猫曾经因毛皮收购而被大肆猎杀，直至 20 世纪 80 年代中期，中国豹猫的皮张年收购量仍保持在 15 万 ~ 20 万张。四川、贵州、江西、云南等省的豹猫皮张收购量占到全国的一半以上。这种过度捕杀导致今天豹猫在中国南部和东部很多地区彻底消失了。

经过多年的保护和恢复，如今豹猫在很多历史分布区的数量在回升。而这在一定程度上也得益于大型食肉动物的消失，使得豹猫缺少自然竞争者和天敌。

如今，中国豹猫面临的主要威胁是非法宠物贸易导致的捕捉，以及路杀、二次中毒等人为因素导致的死亡。

2021 年，豹猫被调整为国家二级重点保护动物，任何私自饲养、杂交和出售豹猫的行为均属违法行为。

▶ 冬季夜间在冰面上活动的豹猫。北京大学、猫盟 / 供图

豹猫——健康生态系统最后的底线

当英国广播公司的纪录片《大猫》里的锈斑豹猫“萌翻”全世界时，一众爱猫者哭喊着：“哪里有？我想养！”

然而这种热情或许正说明了小型猫科动物的悲哀，它们可爱的外表能轻易获得人们的喜爱，但这种喜爱却往往让它们陷入险境——很多人表达喜爱的第一反应是养起来“撸”，于是大量野生猫科动物被捕捉，用来培育和当作宠物贩卖，使野生种群承受了巨大的威胁。

锈斑豹猫生活在印度、斯里兰卡等地，中国并没有，但与其长得很像，血缘关系也非常接近的“亲戚”——豹猫，就生活在我们身边。

美丽而顽强

豹猫在民间有很多俗名——猫豹、鸡豹、土豹子、野猫等等，但还是豹猫这个名字更能准确描述这种动物：像家猫那样大小的身材和秀气的五官，像豹一样的斑点和强大的生存能力。

这种小猫在中国的分布极其广泛，遍及东部（包括东北）、南部（包括东南和西南），以及台湾和海南两个海岛。生境选择上，豹猫也不挑剔，虽然其身上的斑点更适合森林，但只要有隐蔽的环境，豹猫在平原地区的湿地、农田乃至城市公园也可以生存。

豹猫家域范围相对较小，可捕食的猎物也比较丰富，适应力极强。比如泰国的豹猫研究中，一只豹猫的家域为 2 ~ 3 平方千米；而深圳市中心一个面积不到 0.6 平方千米的人工湿地里，尽管天然生境占比不足 20%，也依然挤下了一个相对完整的豹猫种群。

适应能力强、不挑食，豹猫就像是猫科动物里的“小强”，如果连它们都无法生存，那么同域分布的其他猫科动物一定也保不住。

并且，豹猫的种群状态在很大程度上能够体现当地的盗猎强度。如果一个地方把豹猫都猎完了，那么这里基本上也不会有比豹猫更大的纯食肉动物了，如虎、豹、狼、金猫、黄喉貂等；如果一个地

▲北京的豹猫。北京大学、猫盟 / 供图

方还有豹猫，那么纵然没有大型食肉动物，通常也能剩下不少大型食肉动物青睐的猎物——中大型有蹄类，如鬣羚、斑羚、黑麂等。比如，北京虽然现在没有豹，但是豹猫的种群还比较健康，林子里也还有斑羚、狍、野猪，所以仍能保留“带豹回家”的希望。

在中国的野生猫科动物里，豹猫就是值得强调的指示物种，是一个健康生态系统的底线。

不能再凑合

作为纯粹的肉食动物，身量娇小、分布广泛的豹猫是生态文明的重要指标。在漫长的与人类共存的过程中，豹猫早已摸索出一套与人的相处之道：避而远之，尽量凑合。

在乡村地区，如有华北豹生活的山西和顺，赤狐很多，夜晚在村里开车，运气好的时候，两三个小时内能看到七八只赤狐，这让人仿佛到了英国那些赤狐和欧洲獾出没的街区和村镇，恍惚间不确定这里的生物到底是少还是多。但即使是这样的地方，豹猫在村里也难得一见。唯有来到远离村子的山沟和山梁，才能看到醒目的豹猫粪便。这些粪便就在兽道正中，相互之间的距离也不会太远，仿佛宣示主权无所畏惧。由此可见，赤狐选择了离人比较近的田野，而豹猫选择了远离人的山林。

但只要能给豹猫留下一点儿空间，它对人类的存在也相当宽容。在城市周边，比如北京，几十年前三里屯附近还都是农田和小河，水边有蛇，河里有甲鱼，彼时，豹猫就在这里抓老鼠。随着城市的发展，豹猫渐渐后退到它们认为可以与人和平相处的距离。近如香山，白天，游客络绎不绝，豹猫在密林中休息；夜晚，豹猫或行走山间，或在防火道上溜达。

对于豹猫来说，山凑合够吃，人凑合节制，就行了。

可是问题就在后面这半句上：正因为“凑合”，人们并未意识到豹猫的危机。

在 2021 年初被调整为国家二级重点保护动物之前，长期以来，豹猫的保护等级仅是“三有”——这意味着人们感觉它跟麻雀差不多，没有人认为豹猫会灭绝。

1995 年的论文《安徽省豹猫的分布和数量》中统计，作为皮毛兽，1986—1991 年，安徽省共收购豹猫毛皮 6723 张，黄山区周边的县乡贡献了 2000 多张，超过总数的 1/3，堪称“赶尽杀绝”。于是，5 年间，和毛皮收购数据一起直落谷底的还有当地的豹猫种群。

除了毛皮市场，野味市场上也能找到各种珍稀动物，豹猫当然也在其中。在猎奇心理的驱使下，人们对各种来路不明的野味充满期待。有些地区有吃“龙虎斗”的历史，龙不存在，虎不可能，于是形似的蛇和猫就被送上了餐桌——事实上，这些肉并不好吃，人类祖先出于对蛋白质的需求，把大多数肉能吃、好吃的动物，比如牛、羊，都驯化为家养动物了。但是，野生动物非但没有什么神奇功效，

▶ 被猎杀的豹猫。杨宪伟（西南山地）/ 摄

食用野生动物给人们带来疾病（如感染弓形虫、裂头蚴虫等寄生虫）的风险才更加不可小觑。

现在，人们的物质生活不匮乏了，但保护野生动物的意识依旧淡薄，生活的富足反而带来了新的问题。由于宠物市场的狂热，大量野生豹猫被捕捉，用来培育和当作宠物贩卖，在市场上被叫作亚豹或者亚洲豹猫，而这些行为都是违法的。虽然有经过严格选育可以饲养的孟加拉豹猫，然而这种选育需要种源，对于一些黑心商家来说，与其花大价钱购买一只合格的血统种猫，还不如直接从野外抓捕免费的……这种利益链条直接形成了闭环，使野生豹猫种群遭受了巨大的威胁。

无论如何，从毛皮到野味、宠物，曾经广布的豹猫在没有给予其足够重视的中国，早已四面楚歌，在不知不觉中滑向深渊。

恢复的可能

但好在，豹猫是一个顽强的物种。正如前文提到的，在自然条件优越的大城市深圳，随着人们保护意识的加强和了解自然的迫切，豹猫回来了。

西子江生态保育中心在深圳市中心的一个湿地公园发现了种群密度很高、能够进行繁殖的豹猫种群，这即使在世界范围内看来也不常见，令人振奋。

豹猫种群为什么能在城市恢复？首先，当然是因为豹猫繁殖能力很强。

其次，豹猫的食物需求很容易满足。豹猫在自然界以鼠类和鸟类为食，在深圳这种咸淡水交接的地方，底栖生物特别丰富，养活了大量的鸟类；再加上底栖生物本身也能为豹猫提供食物，鼠类等密度也很高，所以豹猫不愁没吃的，也就无须"凑合"过活了。

最后是豹猫强大的适应能力。豹猫具有一定的亲水性，它能很自然地在水边觅食、迁徙，也能频繁地利用比如道路、立交桥下的绿化带、涵洞等人工设施或区域觅食、巡视领地，甚至会在一些涵洞里居住。

研究者还发现，在豹猫爱活动的地方，流浪猫的拍摄率就比较低；在豹猫来得少的地方，流浪猫的密度就高。这似乎证明，豹猫比流浪猫强那么一点儿。这是一种生态系统中物种之间非常有意思的自我调节机制，也证明了豹猫作为生态系统的底线，其作用远不止指示所在地区的生物量那么简单。

在生态文明建设的大环境下，真正的荒野其实并不需要人为精雕细琢，很多时候只要给它一点儿喘息的空间，它就能像豹猫一样复苏。

包容与共处

豹猫会与人发生冲突吗？会的。

不过，鉴于它的体型和食性，豹猫显然不像虎、豹那样为人忌惮，人们也不会对它产生过度的恐惧——通常情况下，豹猫总是离人远远的。

然而，人类饲养的家禽确实可能成为冲突的导火索。相较于野生的猎物，家禽肉更多也更容易捕捉，因此当豹猫的领地内存在家禽时，这种机灵的小猫可不会放过家禽，它的俗名“鸡豹”也正由此而来。豹猫捕食家禽造成的人兽冲突并不罕见，但这种冲突并非不能化解。

根据全国各地的调查，从来没有因豹猫造成巨大且无法防止的损失的真实案例。当损失发生，人们往往选择加固笼舍、放狗驱赶，直接、快速地减少损失。

自然之友·盖娅自然学校的鸡舍也发生过豹猫吃鸡的情况。在加强防范的前提下，他们使用诱捕笼对豹猫进行了安全捕捉，联系猫盟获得建议后，迅速将豹猫转移到当地保护区内放归，此后再无豹猫骚扰。冲突，可以根据实际情况轻松化解。

保护豹猫，我们可以做的事情有很多，但人们对豹猫的态度是最重要的——当每一个人都真正意识到豹猫对于生态环境的重要意义，不干扰并为之留下空间时，我们就可以静待佳音。

◀北京天然林界碑处的豹猫。北京大学、猫盟/供图

豹猫在北京的秘密生活

作为生态系统的底线，豹猫是中国分布最广的小型猫科动物，也可以说是离人们最近的野生猫科动物。但是，对豹猫的生活，我们到底了解多少呢？北京 15 岁的自然爱好者蚊子同学就对北京郊区豹猫的生活感到非常好奇，通过一年的细致观察，她发现了豹猫生活的许多秘密。

发现我们身边的动物

蚊子同学喜欢观鸟。

最初她觉得北京的天灰蒙蒙的，不容易看到鸟。但每年夏天，雨燕都会从非洲一路迁徙回北京，在正阳门的屋檐底下筑巢并繁殖后代。而这也让她意识到：连市中心都能一直有这么独特的生命存在，北京的生态可能比想象中的好许多。

其实北京的生态条件确实特别好。北京北面是燕山山脉，西侧是太行山脉，太行山脉一直往南连接秦岭，直到青藏高原附近，这是一片动物可以自由活动的区域。从东南向西北，北京的海拔从城区的近海平面急剧上升到郊区的 2000 米以上，山体如屏风般拔地而起，如同一道道天然的防御工事，其中一些绵延的山脊也有古老长城蜿蜒其上。这样独特的地势形成了自然的屏障，常人难以涉足，相对完整的温带落叶林和半高山灌木植被得以保存，从而为野生动物提供了庇护。

北京有哪些野生动物呢？蚊子发起了“我们身边的动物”项目，通过红外相机探寻北京周边的动物。

从红外相机回收的影像中可以发现，从城市公园到深山林场，随着人类干扰的减少，野生动物的数量和种类无疑是在逐步增加的。

但就算是在人类干扰非常强的城市公园，也还是有很多小型哺乳动物顽强地与人类共存着，例如刺猬、黄鼠狼、蒙古兔。到了浅山环境的凤凰岭，能看到狗獾和果子狸这样的中小型杂食动物。在

◀北京郊区东灵山的香鼬。山原猫自然探索、吴哲浩 / 供图

北京的郊区，比如延庆野鸭湖，其实有密度很高的狗獾和豹猫。在离人更远的深山森林，野猪、西伯利亚狍、斑羚是常见的动物，在京郊山林里甚至拍到了香鼬。作为一种小型鼬科动物，香鼬通常出现在青藏高原和中国北部、西南部的一些高海拔地区，如今，它们出现在北京的哺乳动物名录里，表明北京山区蕴含着早前被低估的野生动物多样性。

认识豹猫家庭

在红外相机回收的影像数据里，频繁出境的豹猫引起了蚊子的注意。从 20 世纪 90 年代北京境内最后一次记录到豹以来，北京的荒野中已有 20 多年未曾出现大型食肉动物的记录了。豹猫这种小型猫科动物，自然成为当前华北温带森林的顶级捕食者。

第一次回收野鸭湖红外相机的数据时，她就非常惊喜地发现——拍到小豹猫了！于是她把相机继续放在这里“守株待兔”，果不其然，一周之后，豹猫一家又在相机前露面了。更令人惊喜的是，她本来以为这个家庭是一只豹猫妈妈带着两只宝宝，后来却发现有四只宝

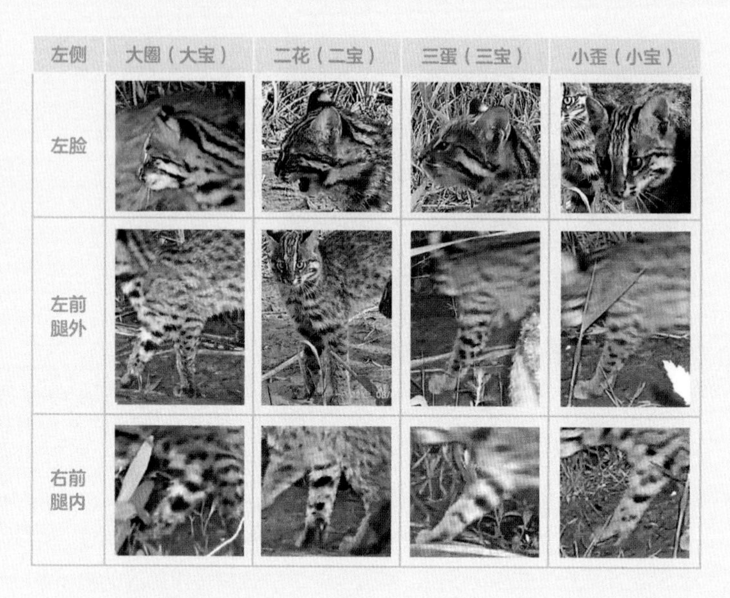

左侧	大圈（大宝）	二花（二宝）	三蛋（三宝）	小歪（小宝）
左脸				
左前腿外				
右前腿内				

▲四只豹猫宝宝的个体识别。蚊子 / 供图

宝。而在之后的监测中，也能看到小豹猫逐步长大，把相机前的区域当成它们喜爱的游乐场所，经常在相机前打闹。

“吸猫”固然很爽，但在看这些视频的时候，另一个问题出现了：这么多小豹猫在镜头里跳进跳出，每次出现的到底是哪只呢？大家开始进行个体识别，尽量把每一只豹猫身上的所有纹路都记录下来做成一个表格，再一一对照。大家还给这一家子起了名字：猫妈妈叫“亮女”，因为它的眼睛在红外相机的反光下一直是亮亮的样子；而 4 只小豹猫分别叫“大圈”、“二花”、“三蛋”和“小歪”。分清楚个体后，就能发现几只小豹猫个性各不相同：二花特别调皮捣蛋，经常在相机前跑来跑去，有时候会攻击兄弟姐妹，有时候还不自量力地攻击妈妈；而小歪相对腼腆一点儿，在相机前没有那么活跃。

揭开豹猫生活的秘密

收集到这些豹猫的影像之后，蚊子将其总结成一条条数据，发现了更多的秘密。

对比亮女繁殖季（7—9 月）和秋冬季（10—12 月）在相机前出现的频率可以发现：在 7—9 月，也就是它带着宝宝的繁殖季，亮女的活动达到了非常明显的峰值，在正午时也会出来活动，但是在冬天就完全没有这种情况。同时，亮女在夏天傍晚活动的高频时间会比冬天晚一个小时左右。

豹猫活动节律在不同季节的区别到底意味着什么呢？这是说明豹猫妈妈在繁殖季，因为要养更多的孩子，所以必须更频繁地活动、觅食，还是不同季节猎物的不同造成了这样的行为变化？这样的数据可以从不同角度来分析，所以还有太多的未知等待我们继续去发现。

7—9 月活动节律

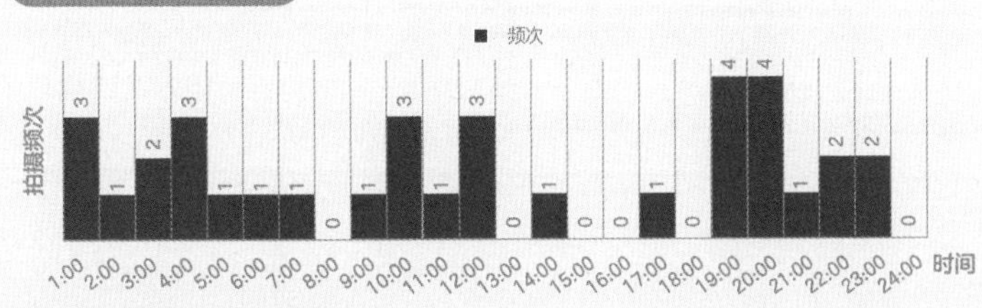

10—12 月活动节律

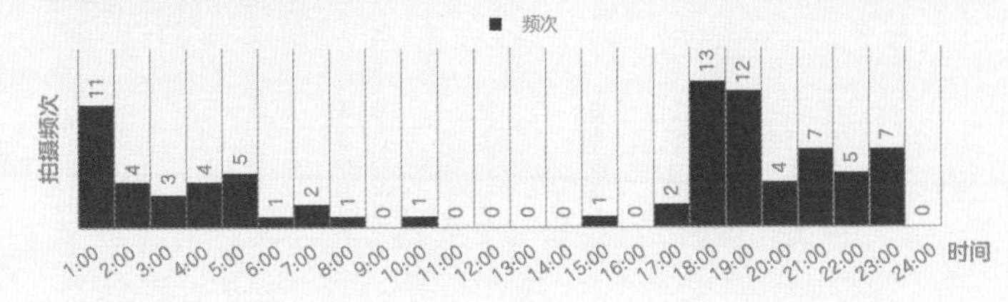

▲豹猫妈妈亮女的活动节律。数据来源：蚊子

此外，野鸭湖的相机数据显示，这里的豹猫相对丰富度非常高。

一个物种的拍摄频率，通常以每一个相机工作日的拍摄次数来计算，是该地区物种相对丰富度指数的一个常用替代指标。来自中国 19 个地点的可比较数据显示，豹猫的 RAI 在 0.04% ~ 2.34%。比如，在四川卧龙保护区，豹猫的 RAI 为 0.2%，即便是已有数据中豹猫最丰富的河北驼梁保护区，其 RAI 也不到 3%。

而在野鸭湖边的海坨山，豹猫的拍摄频率极高，RAI 也能达到 14%，甚至在野鸭湖，直线距离 200 米内的两个相机点位，拍到了两个完全不同的豹猫家庭。同时，这里的豹猫每胎产崽数还特别多，在野鸭湖几个相机的影像记录中，豹猫妈妈要么生 3 个宝宝，要么生 4 个宝宝，几乎是豹猫繁殖数量的极限了。

通过人类和豹猫的活动节律分析，还可以发现这里的豹猫与人类共处的策略：人主要在白天活动，而豹猫则在晚上出现在同样的地点。这种节律的变化让这两个截然不同的物种通过时空上的回避，

2020 年 11 月—2021 年 1 月豹猫与人类活动节律

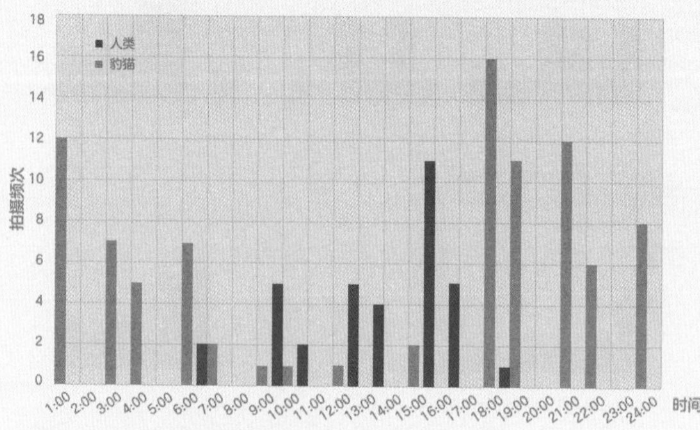

▲豹猫与人类的时空回避。数据来源：蚊子

▲海坨山的豹猫。北京大学、猫盟 / 供图

维系着互不干扰的生活。

野鸭湖的豹猫数量为什么如此之多？为什么它们可以和人类共存得那么好？除了蚊子的记录之外，似乎找不到更多的研究资料。这种与人类比邻而居的小型猫科动物常常被人们忽视，许多问题都有待更深入的研究来解答。

但无论如何，豹猫的故事也为华北的自然保护带来了新可能和新希望：人类或许可以利用自己的力量，在景观尺度上将对自然的干扰控制在一定程度，维持相对完整的食物链和连续的栖息地。这样，野生豹猫及其代表的华北森林生态系统仍有很大希望存续，人与自然和谐共存的长远目标也有希望实现。

希望千百年之后，这群目光清澈而坚毅的豹猫，以及人类其他隐秘的野生动物邻居，仍能在山谷一隅，观望人间烟火。

FISHING CAT

渔猫

Prionailurus viverrinus

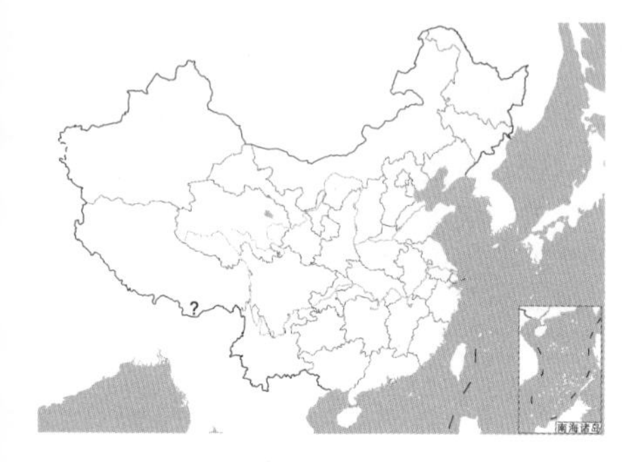

演化和分类

渔猫是豹猫属成员，与豹猫的亲缘关系非常近，这两个物种在200多万年前彼此分化。渔猫目前被分为两个亚种：一个生活在爪哇岛，另一个生活在亚洲大陆和斯里兰卡。目前，并没有基于遗传学的

体长 57 ~ 115 cm

◀红树林里的渔猫。斯里查克拉·普拉纳夫/摄

分类研究来提供最新的分类依据，但克拉地峡南北两侧的渔猫可能有一些区别。

形态

渔猫是豹猫属四个成员中体型最大的一个。其体长为57～115厘米，雌性体重5.1～6.8千克，雄性可达8.5～16千克，比荒漠猫更大，接近金猫的大小，大约是其亲戚豹猫的两倍。

渔猫和豹猫的幼崽几乎无法区分，但成年的渔猫与豹猫比较容易区分：除了体型较大外，渔猫的尾巴较短较细，与豹猫的观感明显不同。渔猫的面部很有特点，眼睛间距较窄，嘴比较尖，这也是和豹猫有明显差异的地方。渔猫体色以灰褐色为底色，点缀有黑色的实心斑点，与豹猫的北方亚种很像，但二者的分布区相隔很远，而与渔猫同域分布的豹猫指名亚种，其体色是相对鲜艳的棕黄色底色。

渔猫是猫科动物中足迹会露出爪痕的两种猫科动物（另一种为猎豹）之一，它的爪子不会完全收回到爪鞘中，且趾间有部分蹼。这或许是为了捕食水中的猎物而演化出来的。

分布和栖息地

渔猫分布于南亚和东南亚，在印度、尼泊尔、巴基斯坦、泰国、柬埔寨、缅甸、孟加拉国、斯里兰卡和爪哇岛都有记录，但越南、老挝没有渔猫的记录，可能已经灭绝或缺乏调查记录。中国目前并没有可靠的渔猫记录，过去把渔猫列入中国猫科动物名录是依据台湾的渔猫毛皮记录，但后来该毛皮被证实是豹猫而非渔猫。不过，从其现有分布来看，尼泊尔和印度靠近喜马拉雅山脉的渔猫可能会沿着南坡的沟谷和低地进入中国境内，比如珠穆朗玛峰或藏南地区，这有待进一步调查。而中国云南与老挝、越南交界之处，过去可能有渔猫的分布，但随着老挝、越南渔猫的消失，在云南境内找到渔猫的可能性不大。

渔猫主要生活于湿地环境，如沼泽、河湾、芦苇丛、湿润的低地草原、河岸林地、红树林，甚至大面积的池塘和水稻田。它们更偏好水流缓慢的水体，而非水流湍急的江河。渔猫虽然可以到达喜马拉雅山脉南坡海拔1500米左右的地方，但总体上属于海拔 1000 米以下的湿热低地物种。

食性

渔猫是猫科动物里少有的偏好水生猎物的成员，它们喜欢捕捉鱼类、蛙类、甲壳类，以及一些水边常见的爬行动物，如蛇和巨蜥。但和所有的小型猫科动物一样，啮齿类及水边活动的鼩鼱也是渔猫喜欢的食物。

渔猫的体型意味着它们在物种丰富的热带地区会有非常宽泛的食物选择：从包括鼬科、灵猫科在内的一些小型兽类，到一些小型有蹄类，以及大中型有蹄类的幼崽等都可能成为渔猫的猎物。像其他猫科动物一样，鸟类也是渔猫的重要猎物，特别是一些在水边活动的雁鸭类、鸻鹬类、秧鸡类等。

渔猫善于游泳。虽然缺乏观察记录，但它们应该也会用猫科动物擅长的伏击战术来捕猎，而且拥有在水里游泳追击猎物的能力。

习性

对渔猫的野外研究相对比较缺乏。按照一般规律，在猎物丰富的栖息地里，渔猫的家域不会太大。少数的研究数据表明，平原地带的渔猫家域为 4 ~ 6 平方千米（雌性）或 22 平方千米（尼泊尔奇特旺国家公园一只雄性渔猫的数据），这个数字并不比豹猫的更大。雄性渔猫的家域会大于雌性，并覆盖一只到数只雌性的家域。

渔猫的繁殖可能和热带地区的其他猫科动物一样，没有固定的时间，但会有一个高发期。圈养的渔猫一胎会产崽 1 ~ 3 只，推测野外渔猫可能也类似。目前，人们对渔猫的繁殖过程了解很少，但如同豹猫支系的其他成员，小渔猫可能在半岁以后就可以独立，开始建立自己的领地。

渔猫被记录为主要在夜间活动，但和其他猫科动物一样，它显然拥有全天活动的能力。不同地区的渔猫可能会根据人类活动的影响或猎物的活动习惯而采取不同的活动策略。

种群现状和保护

渔猫被 IUCN 评估为易危，这在很大程度上说明了渔猫面临的问题。

渔猫的生境非常容易遭到破坏。现在认为，渔猫的很多历史栖息地已经丧失，如印度河流域、巴基斯坦和印度西部。针对渔猫的调查很少，记录也比较缺乏，渔猫容易与豹猫混淆可能也是其记录较少的一个原因。但随着人类对湿地的开发，渔猫的栖息地逐渐破碎化。栖息地丧失、水体污染、农药的使用、人类猎杀可能都是渔猫面临的威胁。由于对渔猫分布的了解有所欠缺，因此很难评估这个物种在不同地区遭遇的主要威胁。仅仅基于对一些已知种群的研究和保护，尚且不足以满足这个物种的完整保护需求。

在中国，渔猫被列为国家二级重点保护动物，但其在中国的分布仍有待确认，具体的保护措施也就无从实施。目前在中国的渔猫潜在分布区里做的野外调查，可能并没有针对渔猫的适宜生境来开展。加大野外调查的力度，摸清渔猫的真实分布，将是保护这种在中国没有野外记录的猫科动物的有效开始。

▶ 印度安得拉邦戈达瓦里河三角洲夜间活动的渔猫。普冉奈·塔玛拉帕利 / 摄

PALLAS'S CAT

兔狲

Otocolobus manul

无危

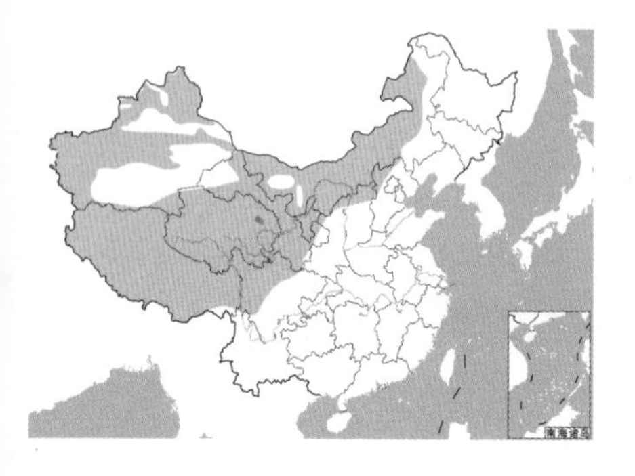

演化和分类

兔狲在分类上介于豹猫支系和猫支系之间，与豹猫支系关系略近，因此被划分于豹猫支系，但它与豹猫属的关系要比豹猫属内几个成员间的关系远得多。大约在 600 万年前，兔狲就从豹猫支系中独立

体长 46 ~ 62 cm

尾长 23 ~ 31 cm

◀ 直面镜头的兔狲，圆圆胖胖的脑袋显得憨态可掬。甘肃祁连山国家级自然保护区、北京大学、猫盟 / 供图

出来，这比豹猫祖先的出现早了300多万年。

这种演化关系在其斑纹上略有体现：兔狲的额头是斑点，身体和尾巴则是条纹，看上去就像是豹猫和狸花猫糅合在一起的产物。

从形态上，兔狲被认为有三个亚种：指名亚种（*O. m. manul*）、西亚亚种（*O. m. ferruginea*）和高原亚种（*O. m. nigripecta*）。兔狲的分布区并没有出现明显的断裂或分界，但不同地区的兔狲毛色差异较明显。这些亚种的划分或许需要进一步的遗传学研究。

形态

兔狲看上去犹如一只胖乎乎的小家猫。它的体长为46～62厘米，尾长约为体长的一半，但是非常粗。雌性兔狲体重为2.5～5千克，雄性为3.3～5.3千克。

兔狲面部平坦，鼻子很小，眼睛很大，瞳孔在白天常收缩为两个小圆点。兔狲头侧长有明显的“鬓角”和一对明显的圆耳朵，额头布满黑色的小斑点，脸颊部位有一道黑白相间的粗条纹，从眼角向后下方延伸。

兔狲身上有类似狸花猫的横纹，大多数并不明显。但也有横纹很明显的，如中亚地区的兔狲。兔狲尾巴上有较为明显的环纹，尾梢呈黑色。

兔狲的毛很长，且非常柔软致密，这是其对寒冷环境的一种适应。

◀生活在多岩石和土坡环境中的兔狲。甘肃祁连山国家级自然保护区、北京大学、猫盟 / 供图

兔狲腹部的毛特别长，这使它给人一种体型肥胖、腿很短的感觉，但实际上并非如此。

不同地区的兔狲毛色不同，总体可分为灰色系和黄色系，其中黄色系还会产生一些红棕色的个体。指名亚种以深灰色为主，但也有不少个体为土黄色；西亚亚种整体为黄色，也有不少红棕色的个体；高原亚种毛色多为灰色或灰黄色。这种颜色的差异应为兔狲对当地环境的一种适应。兔狲喜欢在草原、荒漠地带有大片岩石的环境中生活，灰色、黄色的毛色是其适应岩石或荒漠环境的体现。

分布和栖息地

兔狲主要分布于亚洲北部的草原、荒漠、戈壁或丘陵山地环境中。兔狲会避开完全的沙漠和没有遮蔽的草原地带，也基本不会出现在成片的森林里，但会在森林边缘活动。兔狲非常耐寒，但矮小的体型使其倾向于选择干燥的环境，避开冬季有深厚积雪的地方。

兔狲的适应能力很强，能适应从海拔 400 米的草原至海拔 5000 米的高山，这让它成为亚洲分布最广的猫科动物之一。从分布区北部的蒙古高原向南，跨越中国的河西走廊进入青藏高原，一直到西南部的喜马拉雅山脉，都有兔狲的身影。

生活在青藏高原的兔狲被认为是高原亚种，它们往往选择有大片岩石的草原或者多岩石的山地环境。兔狲善于利用岩石和土坡上的坑洼和阴影来隐蔽自己。

生活在蒙古至中国内蒙古、甘肃北部的兔狲为指名亚种，大体可归为荒漠种群，喜欢在荒芜的荒漠或戈壁环境中生活。它们会利用狗獾、赤狐、沙狐或旱獭等动物的洞穴，并充分利用灌丛、沟壑、石头堆等环境。

生活在阿富汗、伊朗、哈萨克斯坦等地的西部种群被归于西亚亚种。该亚种分布区小而破碎，它们和指名亚种一样，在干燥的荒漠环境里生活。

食性

兔狲主要以小型鼠类和兔类为食，沙鼠、鼠兔是目前观察到的兔狲最主要的两类猎物，田鼠、仓鼠、黄鼠等也是其喜欢的食物。除此之外，遍布于草原和荒漠地区的鸟类也是兔狲会捕捉的猎物，野兔、刺猬、两栖爬行类偶尔也会成为它们的食物。

兔狲会采取多种不同的捕猎策略：有时候会像猛禽一样，置身于高高的山坡或其他制高点上，寻找下方的鼠类或鼠兔，然后隐蔽地潜伏接近并捕捉猎物；有时也会采取一路小跑惊起猎物并追逐捕捉的策略；或者像家猫捕鼠那样蹲伏在鼠洞口，等待猎物出现。

兔狲在白天和黑夜都会活动。但它体型较小，容易被其他竞争者抢走食物，或者自身成为更大的捕食者的猎物，如日行性猛禽、狼、雪豹、猞猁等，因此它会采取一些时间上的回避策略来避开这些威胁。在青海和甘肃的一些观察表明，黄昏以后一直到夜间，兔狲有一段活动高峰期。

▶ 捕食鼠兔的兔狲。班春民 / 摄

习性

与其他北方草原一荒漠地带的动物类似，兔狲的活动范围可能很大。蒙古的一些跟踪项圈调查显示：雌性兔狲的家域可大至125.2平方千米，平均为23.1平方千米；雄性可至207平方千米，平均为98.8平方千米。这几乎达到了一些大型猫科动物的家域大小。

兔狲有时会放弃原有领地向外扩散，这通常发生在秋季，可能是因为一些竞争者，如赤狐、沙狐或猛禽的数量在此时达到峰值。食肉动物间的竞争加剧，迫使兔狲转移阵地。

兔狲的家庭结构与其他大多数猫科动物类似：一只雄性的家域可能覆盖几只雌性的家域。寒冷地区兔狲的繁殖有显著的季节性，它们通常在冬季及初春发情，发情期很短，在春季产崽，一胎通常产3～4只幼崽。小兔狲在6～8个月大时开始独立生活，但大多数幼崽都活不到离家的年龄。

兔狲在野外的死亡率较高，天敌的攻击是主要的致死因素之一，兔狲的免疫系统似乎也比较脆弱，很容易受到一些疾病的侵扰。

◀ 标记领地的兔狲。甘肃祁连山国家级自然保护区、北京大学、猫盟/供图

▶ 在一起玩耍的兔狲。甘肃祁连山国家级自然保护区、北京大学、猫盟/供图

种群现状和保护

兔狲虽然分布广泛，但在哪里都不常见，尤其是与同域分布、生态位也接近的犬科动物相比——无论是藏狐、沙狐还是赤狐，都比兔狲更容易见到。

历史上，兔狲曾经因为其柔软保暖的毛皮而惨遭猎杀，许多地方的兔狲数量因此锐减。虽然没有证据，但广泛的灭鼠活动可能也是导致兔狲在一些地方变得极为罕见的重要原因。在内蒙古和甘肃，很多地方的牧民表示，过去这种灰色的小猫很常见，但现在已经很少见到了。

此外，现在很难评估放牧对于兔狲的影响。在青海的一些牧场上，可以看到兔狲和羊群一起活动，在那里兔狲仍然可以捉到很多鼠兔。但放牧的规模与当地鼠类、鼠兔数量的关系，将会影响兔狲的生存。

目前，兔狲被 IUCN 评估为无危；在中国，它被列为国家二级重点保护动物。

▶ 或趴或躺，显得十分惬意的兔狲，希望它们能一直这样无忧无虑地生活。甘肃祁连山国家级自然保护区、北京大学、猫盟 / 供图

兔狲：别看我萌，我有一双强者的眼睛

猫科动物广泛分布在除大洋洲和南极洲以外的几乎所有陆地，人类亲切地称它们为“喵星人”。的确，如果没有人类，把地球称为“喵星”也不为过。从体重超过 300 千克的东北虎，到只有 1 千克的锈斑豹猫，猫科动物成功地占据了各种陆地生态系统中顶级捕食者的生态位。

成为顶级捕食者，当然离不开锐利的视力——闪烁着光芒、瞳孔能收缩成一条竖缝的猫眼，用“锐利”一词来修饰再合适不过了。且慢！并不是所有猫科动物都像家猫一样拥有纵向瞳孔。兔狲，在这一点上就和人类一样，瞳孔不管如何收缩，始终保持圆形。

▲兔狲有着与人类一样的圆形瞳孔。山水自然保护中心 / 供图

猫科动物瞳孔大比拼

在现存的大约 40 种猫科动物中，圆形瞳孔是少数派，只占总数的约 30%，而大约 60% 的物种拥有纵向瞳孔，剩下的约 10% 有半圆形瞳孔——瞳孔收缩时横向和纵向都发生明显改变，但横向的变化大于纵向，呈现为椭圆形。如果一一列举其他拥有圆形瞳孔的猫科动物——虎、豹、雪豹、猎豹、金猫……你也许会觉察出一丝不同寻常的气息。没错！猫科动物中的“强者”都有着圆形瞳孔。

让我们简单地按体重将猫科动物分为 4 个梯队。

第一梯队：80 ~ 300 千克；

第二梯队：25 ~ 80 千克；

第三梯队：5 ~ 25 千克；

第四梯队：1 ~ 5 千克。

第一梯队和第二梯队的 7 个物种——无论是各自雄霸一个大洲，占据绝对控制地位的虎、狮、美洲豹，还是以强大的适应能力在绝对强者的分布区内占得一席，甚至超越这一分布区拼杀出更为广阔的疆域的豹、美洲狮，抑或是拥有陆地最快奔跑速度的猎豹，以及占据高寒山地极端生态位的雪豹——毋庸置疑是猫科动物中的最强者。它们占据最大的分布范围，拥有绝对的力量，捕杀体型最大的猎物，都有着圆形瞳孔。

第三梯队和第四梯队近 30 个物种作为中小型猫科动物，表现出了极大的多样性。从热带雨林中行踪诡秘的云豹，到生活在高纬度苦寒之地的猞猁“四兄弟”；从拥有猫科动物中最大尾长比的云猫，到尾长比最小的猞猁“四兄弟”；从趾间长蹼、酷爱游泳摸鱼的渔猫，到脚掌超大且耳毛超长的猞猁“四兄弟”——总之，它们从三个维度（横向的栖息地覆盖、纵向的海拔分布，以及从地面到树冠的垂直空间）占据了全球顶级捕食者的生态位，而且以远超人类想象力的方式诠释了“猫”的各种可能性。

然而在这两个梯队中，却只有 3 个物种有圆形瞳孔：除了天赋异禀的金猫和“出身豪门”的细腰猫（和美洲狮、猎豹是近亲），

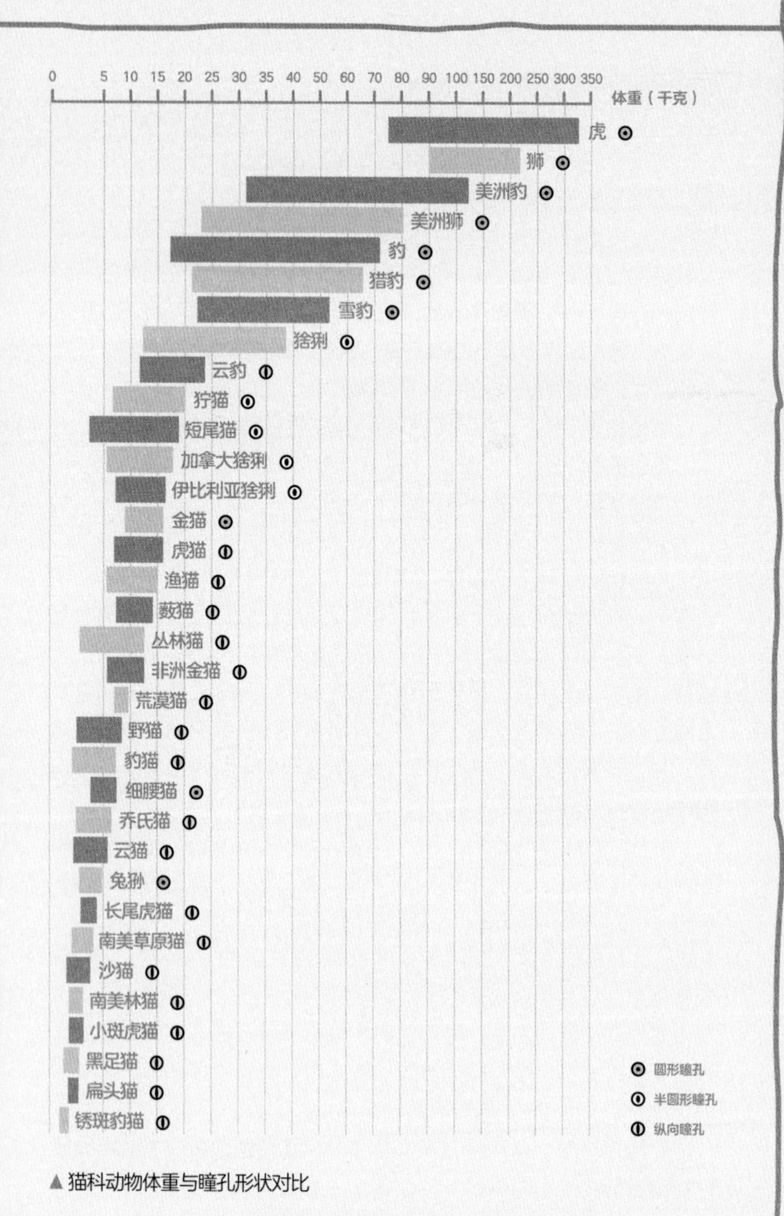

▲ 猫科动物体重与瞳孔形状对比

▲雪豹的圆形瞳孔（上）、猞猁的半圆形瞳孔（中）和荒漠猫锐利的纵向瞳孔（下）。山水自然保护中心、猫盟 / 供图

只有兔狲有圆形瞳孔。其他成员几乎都是清一色的纵向瞳孔，云豹也不例外。就连屡屡在各方面“刷存在感”的猞猁“四兄弟”也只有半圆形瞳孔。

莫非，比起锐利的纵向瞳孔，圆形瞳孔才是强者的象征？

圆形瞳孔 vs. 纵向瞳孔

2015 年，一项针对 214 种陆生动物瞳孔形状的研究，解释了不同瞳孔形状带来的不同视觉效果：由于瞳孔形状对景深的影响，相比于圆形瞳孔，横向瞳孔的横向视野更为清晰，纵向视野更为模糊；相反，纵向瞳孔的纵向视野更为清晰，横向视野更为模糊。

▲食草动物岩羊的横向瞳孔。山水自然保护中心 / 供图

拥有横向瞳孔的物种通常为植食性的被捕食者，它们的眼睛通常位于头部两侧，且瞳孔方向保持水平，这样就能获得足够大且清晰的横向视野，利于发现来自各个方向的危险。而拥有纵向瞳孔的物种通常是夜间或者昼夜活动的等待伏击型捕食者，清晰的纵向视野能帮助它们更准确地判断猎物的距离，而它们的眼睛通常长在头的前方，以便同时对焦于同一个物体，获得立体视觉。拥有圆形瞳孔的物种则通常是白天活动的主动追击型捕食者。该论文的作者没有解释圆形瞳孔对于动物习性的有利之处，但可以推测，圆形瞳孔也许利于它们锁定目标，并在持续追击时能快速对焦。

从这些分析来看，纵向瞳孔简直与猫科动物绝配，毕竟，除了白天活动的主动追击型的猎豹，其他猫科动物都可以说是伏击型猎手，而且几乎都不只在白天活动。然而事实上，最强的大猫几乎都拥有圆形瞳孔，它们为什么会演化出圆形瞳孔呢？难道是为了彰显强者的身份：不用纵向瞳孔这种“奇技淫巧”，全靠硬实力搏出“C位”（最强者的位置）？目前我们还不得而知。

猫科动物的瞳孔演化

那么今天，猫科动物不同的瞳孔形状是如何演化而来的呢？

我们可以基于最大简约法（Maximal Parsimony）来推测这段演化历史——发生突变事件数最少的情况为可能性最大的情况。梳理全球现存的猫科动物，可将它们划归8个支系：豹支系（Panthera Lineage）、金猫支系（Bay Cat Lineage）、狞猫支系（Caracal Lineage）、虎猫支系（Ocelot Lineage）、猞猁支系（Lynx Lineage）、美洲狮支系（Puma Lineage）、豹猫支系（Leopard Cat Lineage）和猫支系（Felis Lineage）。

通过对这8个支系瞳孔形状的对比分析，我们可以推测出这一性状在猫科动物中的演化历史：纵向瞳孔为祖先性状，圆形瞳孔和半圆形瞳孔为衍生性状。8个支系中，豹支系的豹属、金猫支系的金猫属、美洲狮支系的3个属和豹猫支系的兔狲各自独立演化出了圆

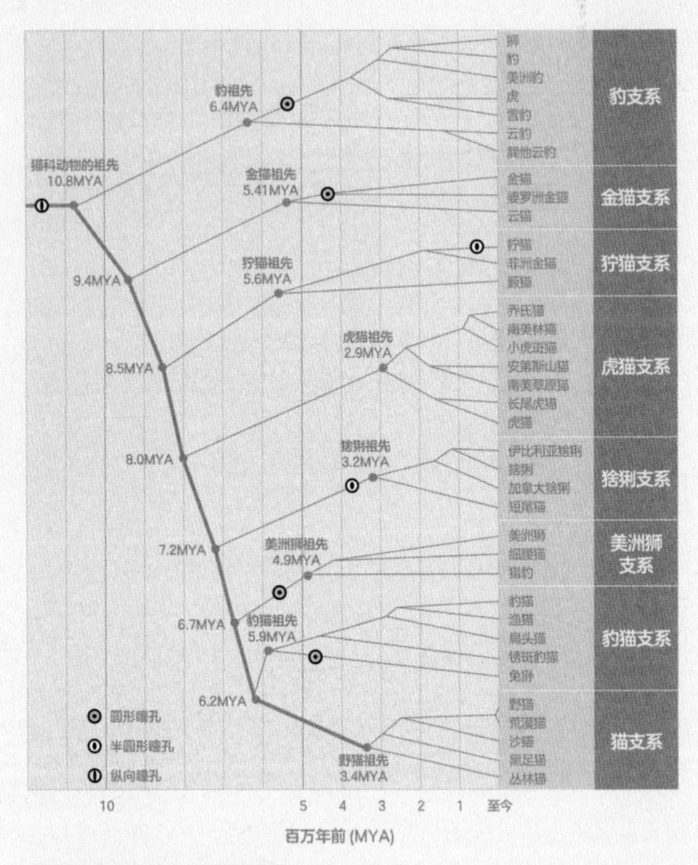

▲猫科动物支系的演化及瞳孔形状

形瞳孔，而狞猫支系的狞猫和猞猁支系则演化出了半圆形瞳孔。

不得不说，仅通过独立演化出圆形瞳孔一点，兔狲就甩开了亲缘关系最近的豹猫和猫支系，从小型猫科动物中脱颖而出，跻身最强者的行列。实在是妙呀！

▲“没错，我就是你们找的那只猛兽。”山水自然保护中心 / 供图

▲换个视角，兔狲也可以显得威风凛凛。猫盟 / 供图

兔狲与藏狐的“网红”之争

在青藏高原上，生活着两种因长相奇特而在网络上走红的食肉动物——猫科的兔狲和犬科的藏狐。既然共享这片家园，这一“猫”一“犬”总免不了狭路相逢。猫盟的荒漠猫研究组就曾在一次调查中先后邂逅这两种网红，并了解到它们谁更胜一筹。

路边的藏狐憨憨

在青海门源县，猫盟的荒漠猫研究组常常趁着下午 3 点到晚上 8 点这段动物相对比较活跃的时间，在人少的路段开车巡游，寻找野生动物。

这里藏狐很多，开一会儿就会看到一个草灰色的身影急匆匆地背对着大家跑向山坡，跑出几十米后再回头看向人类，白色的尾巴尖非常显眼。

一次，他们遇到了一窝小藏狐，于是大家停车观察。这窝小藏狐有两只，它们的洞口离路边不远。其中一只胆子比较大，它看到

◀在洞口玩耍时发现人类靠近的两只小藏狐，一只在洞外大胆地回眸，一只在洞口露出半张脸。宋大昭 / 摄

人后犹豫了一下，继续停留在洞口，一边玩耍一边假装并不在意地偷偷观察研究人员。而另一只，或许是它的兄弟，就要胆小一些：它躲在洞里，只露出半张脸——小藏狐还没有长成让这个物种走红的标志性的大方脸，它的脸还没那么大，但即便如此也很显眼。

看着这些毛茸茸的小家伙沐浴着高原的阳光，在远处雪山和草原的映衬下，让人觉得十分惬意。如果不是时间有限，大家甚至愿意在这里陪伴它们度过整个下午。

驱赶金雕的勇者兔狲

研究组转进一条大沟，一路上风景绝美。虽然时值三月，并没有到满地油菜花的美丽季节，但黄色的山顶覆盖着白雪，河谷里的冰才刚刚开始消融，大群的赤麻鸭正飞抵这里，温度的变化和空气里细微的活力预示着春季的到来。

远远地，可以看到山脚下的草场上有一群大型猛禽挤作一堆，鸟群里似乎有一只动物在跑来跑去地驱赶它们。在高原上，猛禽聚集很可能是好兆头：有些猛禽，如高山兀鹫经常会捡拾雪豹、猞猁、狼等猛兽杀死的猎物，而此时捕食者可能并未远离，它们往往会在附近守着猎物，并且在傍晚回来把兀鹫们赶走继续进食。

研究组决定走近一点儿，从一条沟里慢慢接近。最终，他们发现聚集的是一群金雕。这非同寻常，作为猛禽之王，金雕通常独来独往，一击必杀，到底是什么吸引了它们呢？研究组并未发现这里有任何尸体的痕迹，那只驱赶金雕的勇者也不见踪影。这让大家感到非常诧异，大家以为会有一只大猎物，才能吸引来这么多金雕。但现在看来，并不存在一只雪豹或者狼群在此进行猎杀。

或许站得高一些有助于寻找那个跑来跑去的勇者，于是大家沿着山坡向高处爬去。刚爬几十米，一只灰色的、胖乎乎的、拖着一条粗长尾巴的小动物忽然从大家前面十几米处跑过。

这是一只兔狲！

虽然作为猫科动物，兔狲也跟其他大猫、小猫一样是优秀的猎

▲统治天空的金雕。宋大昭 / 摄

手，但在大型食肉动物聚集的高原上，它显得非常弱小，雪豹、狼、金雕甚至家犬都会成为它的天敌。兔狲体型太小，也跑不快，很容易受到更大的食肉动物袭击，因而它也成为野外平均寿命最短的猫科动物之一。一些研究表明，兔狲在野外寿命通常只有三四年。

兔狲的分布密度较低，家域很大，是一种比雪豹和猞猁遇见率更低的猫科动物。因此，想看到它主要靠大范围搜索和碰运气。显然，大家今天运气不错。

大家停下脚步，看着前面这只小胖猫。它跑了几步就停在一块石头边，扭头看人。在望远镜里，它看上去似乎比动物园里的兔狲大一些，灰色的皮毛质感十足，看起来非常柔软。它非常警惕地看着大家，眼神里毫无情感。它待在那里一动不动，就像一块石头。如果不是它刚才跑动了起来，大家根本就看不见它。

有人举起相机打算给它拍张照片。好在它并没有跑，但它很快扭过头去，假装自己是一块岩石。大家往前走了两步，打算离近点儿再拍。但是人一动，它就跑了起来，像个灰色的肉球悬空飘浮，后面拖着一条粗尾巴。它的腿看上去实在有点儿短，甚至基本看不

▲扭头看人的兔狲。宋大昭 / 摄

到腿的存在，只能在某个姿势看到金黄色的踝部。那身灰色带点儿黄的皮毛和枯草、土地、碎石混为一体，以至于放下望远镜就看不到它在哪里了。

它远远地跑上了山坡，在一个小小的土台阶前停了下来，那里似乎有个鼠兔洞。它嗅了嗅，然后在洞口伏下身体。它还在警惕着人类，也在提防金雕的袭击。

研究组朝另一个方向爬上山坡，四处溜达了一下，认真体会兔狲选择的生境：想了解一只猫到底喜欢什么样的环境，最好的办法就是走进那里，想象自己是一只豹、一只雪豹、一只荒漠猫或一只猞猁，而现在，是一只兔狲。只有亲身感受，人们才能理解兔狲那灰色的皮毛与岩石、流石滩的关系，并深刻地明白自己如果是一只兔狲，也就会像它一样，在这平坦开阔的草坡上寻找能够隐蔽自己的碎石滩、沟壑和灌丛，并且在天色将黑、猛禽消退之后出来活动，捕捉无处不在的鼠兔和高原兔。

▲跑起来的兔狲，大多数时候看不到腿，只会偶尔露出金黄色的脚踝。宋大昭 / 摄

兔狲 vs. 藏狐

曾经拍摄藏狐旱獭大战并因此获得大奖的鲍永清老师，给猫盟讲述了不少兔狲的故事：它会像猫头鹰一样站在山坡上往下看，挑选自己喜欢的鼠兔，然后下来捕捉；在求偶期，两只兔狲会在一起互相对视，一看就是一天……

兔狲和藏狐可喜欢打架了，几乎每天都打。藏狐打不过兔狲，经常被赶走，但是过一会儿藏狐气不过，还会回来继续打。

有一窝兔狲的巢穴就建在雪豹巢的下面，雪豹妈妈出门了，兔狲妈妈就会去雪豹窝里“撩”小雪豹，但是它们之间似乎相安无事……

▲青海省都兰县沟里乡，狭路相逢的藏狐被兔狲追得落荒而逃。梁海宏 / 摄

WILD CAT

野猫

Felis silvestris

演化和分类

这里所说的“野猫”并不是通常所说的流浪猫，而是一种真实存在的野生猫科动物，其分布遍及亚、非、欧三个大陆。目前，野猫被分为三个亚种：非洲野猫（*F. s. lybica*）、亚洲野猫（*F. s. ornate*）

和欧洲野猫（*F. s. silvetris*）。虽然其分类存在很多争议，比如欧洲野猫应该独立为种（欧林猫），或非洲野猫应该以撒哈拉沙漠为界分为南、北两个亚种，甚至应该将荒漠猫并入野猫的第四个亚种（或将野猫的亚种均独立为种），但毫无疑问的是，生活在北非至中东新月沃地的非洲野猫是今天所有家猫的祖先。

大约在250万年前，拥有共同祖先的野猫与沙猫（*Felis margarita*）在演化的道路上分道扬镳。野猫占据了旧大陆大多数地区，并进一步通过家猫这个成功与人为伴的物种扩散到了全球。

生活在中国西部的野猫是亚洲野猫。在中国，它通常被叫作“草原斑猫”，这是一个更加符合其外观和生境选择的名字。

形态

在野猫家族中，亚洲野猫拥有独一无二的外观：不同于非洲野猫和欧洲野猫身上的条纹状斑纹，亚洲野猫草黄色的皮毛上点缀着实心的小斑点。但是亚洲野猫腿上和额头上的斑纹，却和另外两个亚种非常接近，为黑色条纹。它的尾巴也像猫支系的其他成员一样，后半段有几道黑色的环纹，且末梢为黑色。

亚洲野猫的体型与家猫非常相似，用家猫的特征即可完全描述这种野猫。但亚洲野猫有相对明显的耳尖簇毛，这个特征非常稳定，其他两个野猫亚种以及家猫，耳尖簇毛都没有它这么明显。

分布和栖息地

顾名思义，亚洲野猫分布于亚洲，它是一种偏好干旱环境和平缓地形的猫科动物。野猫三个亚种的分布区大致在中东地区交会：高加索山脉及其以北地区的野猫属于欧洲野猫，里海以西区域的属于非洲野猫，高加索山脉以南及里海以东的则属于亚洲野猫。亚洲野猫和非洲野猫在伊朗中部相遇，二者之间是否存在明显的亚种分界线仍存在疑问。

亚洲野猫在中国的分布目前缺乏精细的记录。在新疆南部的巴音郭楞州、喀什地区和和田地区，亚洲野猫的记录比较多，在北部的克拉玛依等地也有一些目击记录。在祁连山西北部的酒泉、嘉峪关等地有明确的亚洲野猫记录，但继续往东，在张掖、武威等地，大多数当地人表示没有见过亚洲野猫，但是在武威北部靠近内蒙古的沙漠边缘地带曾经有亚洲野猫的捕获记录，当地记录也表明有外观类似亚洲野猫的“野猫”出现在沙漠地带。内蒙古—宁夏的亚洲野猫记录较为缺乏，但在靠近中国和蒙古边境的内蒙古乌拉特后旗有一只被救助的亚洲野猫记录。

野猫在中国的分布区，特别是甘肃、内蒙古等地，已经接近亚洲野猫分布的东缘。这些地方同时还有兔狲、荒漠猫的分布，因此很多野外记录可能存在误认，缺乏野外调查是我们对中国的亚洲野猫分布不甚了解的主要原因。

亚洲野猫总体偏好干旱但有植被的平缓环境，如沙漠的边缘是较常记录到亚洲野猫的环境。它们也会出现在荒漠、森林以及山区，但会避免进入海拔和落差较高的山地、完全的沙漠或草原，也不会出现在冬季积雪厚度超过 20 厘米的地方。

食性

根据在中国的一些野猫分布区的观察，亚洲野猫主要捕捉沙鼠、跳鼠、仓鼠、田鼠等小型鼠类，而塔里木兔、蒙古兔等稍大的猎物也是雄性野猫喜欢的食物。它们也会捕捉蛇类、蜥蜴、蛙类乃至鱼类等小型猎物，特别是雌性野猫。一些沙漠地带的鸟类是亚洲野猫除鼠类外非常重要的食物，特别是出现在沙漠或荒漠地带的一些鸟类，如毛腿沙鸡、斑鸠等。

野猫的捕猎行为与家猫相似，其听觉和视觉都十分灵敏，对于在草丛里活动的猎物感知敏锐。它们会接近猎物，并猛扑或短距离追击捕捉猎物；也会在鼠洞口、河岸的

◀ 中国新疆的亚洲野猫。野性石河子、张晖 / 供图

草丛里潜伏，待猎物出现时将其捕获。

亚洲野猫往往整夜捕猎，一晚上可能捕捉十多只鼠类或者更多的其他小型猎物（包括一些昆虫）。

习性

亚洲野猫全天都会活动，但在夜间更加活跃。人们对其生活史缺乏深入研究，包括家域、竞争、繁殖等信息都非常缺乏。若参照同域分布的兔狲，亚洲野猫的密度可能取决于当地啮齿类的数量。

亚洲野猫可能不会像家猫那样缺乏领地意识，它们依旧遵循大多数猫科动物的习性。一只雄猫的家域可能覆盖几只雌猫的家域，但不同个体在多大程度上会共用家域，尚缺乏研究数据。

在繁殖方面，亚洲野猫可能会因所处地区的气候不同而有所变化。在中亚和西亚的南方温暖地区，它们可能像家猫一样每年能繁殖不止一次；而在其分布区的北方，则可能一年只有一次。野猫每窝产崽2～4只，但也可能更多。小猫通常半岁至9个月即可独立。

野猫生活的地区可能存在一些竞争者和天敌。赤狐、沙狐都会和野猫因食物产生竞争，食性相近的猫科亲戚兔狲或沙猫也是其竞争对手，而体型更大的猞猁、狼则有可能对野猫造成威胁。

种群现状和保护

野猫在全球范围内被评估为无危，但总的来说，其数量正在下降，并普遍存在与家猫杂交的现象。目前，在亚洲野猫的分布区里，它们遇到的主要威胁是栖息地丧失。野猫偏好的荒地往往被人们视为无农业价值或者蕴含石油。无论是治沙改造还是石油开采，都可能对亚洲野猫的家园造成影响。但相对于其广阔的分布区域，这一因素可能只在一些边缘地带会造成较明显的影响。

另一个肉眼可见的影响是与家猫的杂交。由于亚洲野猫与家猫的血缘非常接近，因此它们之间可能并不存在交流上的困难。在新疆，有不少饲养在村里的家猫身上的斑点与亚洲野猫无异，却和人保持亲密，很显然它们是家猫和亚洲野猫杂交后的产物。

在中国，20世纪80年代，亚洲野猫因斑驳的毛皮曾被大量捕杀，对啮齿类的毒杀也对它们造成了很大威胁。现在，亚洲野猫已被列为国家二级重点保护动物。

邂逅亚洲野猫

2020 年 1 月 4 日 15 点左右，张晖在克拉玛依的郊外观鸟。他是新疆民间公益组织野性石河子团队的成员，这个由自然爱好者组成的团队致力于保护、研究本土动植物。张晖路过一小片湿地，看到芦苇荡旁的一棵树上有个大黑影。

是猛禽吗？他举起望远镜。当目标在镜头中逐渐清晰时，他发现那居然是一只毛茸茸的大猫咪！他好奇地上前一探究竟，距离 15 米左右时，他终于看清了它。那确实是一只很大很壮的猫，正待在树梢上闭目养神。

是野猫还是流浪猫呢？他并不确定。但是看着它粗壮的长尾巴还有厚实硕大的脚掌，确实有野猫的特征，于是他决定拍下来留个记录。他小心地靠近，绕过遮挡的树枝，拍摄了一组照片。此时，树上的猫也睁开眼睛，有些警觉地盯着树下的张晖。为了减少对它的打扰，拍完照的张晖赶紧离开了。

从照片中可以看出，这只猫毛色为浅黄褐色至黄褐色，脸上有两条小的褐色条纹，前额有四条十分显著的黑色带，与较浅的底色形成鲜明对比。腿的上部覆有条纹，尾巴上有深色环纹，尾尖呈深色。更重要的是，它身上有大量不规则的深褐色至黑色的实心斑点，显得十分“斑驳”——这正是亚洲野猫区别于欧洲野猫、非洲野猫、家猫的最大特点。仔细观察，还能看出它耳尖细小的深色簇毛，这

◀ 远观时树上的黑影（左），近看发现是一只闭目养神的大猫（右）。野性石河子、张晖 / 供图

▲亚洲野猫记录照。野性石河子、张晖 / 供图

也明显区别于家猫。因此，可以确定这组照片中的猫的确是亚洲野猫，这也是中国第一次有人亲手拍到亚洲野猫。

在中国，亚洲野猫分布在西北地区，新疆正是其主要分布区。它们会生活在平原、草原、沙漠、半沙漠地区，喜欢居住在接近水源的地带。张晖这次拍摄到亚洲野猫的地点正是其典型生境。

事实上，经历了过去的大肆捕杀和灭鼠带来的食物匮乏、二次中毒后，亚洲野猫在国内已经十分罕见，相关研究也十分缺乏，其具体分布界线与生存状况仍有待调查，其行为和生态特性更是有待研究。这次能在野外目击并拍到亚洲野猫，看到它在大自然中自由地生活着，除了是一种幸运，也是对所有热爱自然、关注生物保护之人的巨大鼓舞。希望这些小小的幸运能带动更多人关注身边那些不那么起眼的野生动物。不管是亚洲野猫还是中国其他野生猫科动物，我们都需要充分了解它们的生态特征和生存现状，这样才能制订出合适的方案，更科学、有效地对其进行保护。没有了解，保护就无从谈起。

CHINESE MOUNTAIN CAT

荒漠猫

Felis bieti

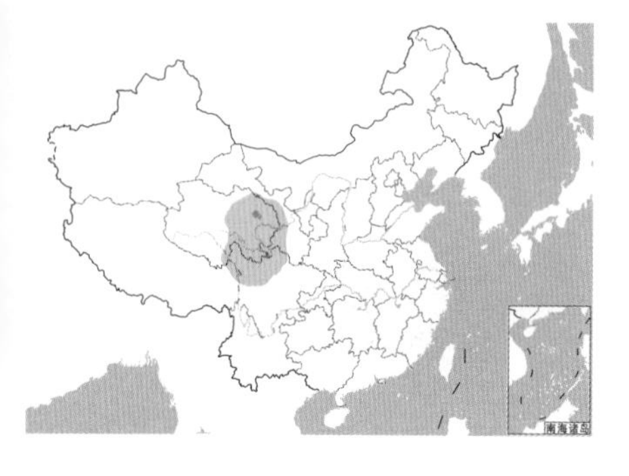

演化和分类

从遗传学的角度来看，最新的研究认为，荒漠猫与野猫的三个亚种——亚洲野猫、非洲野猫和欧洲野猫——的分化时间接近，都在100 万 ~ 200 万年前，因此既可以认为荒漠猫是一个独立的物种（同

中文别名：草猫

体长 68.5 ~ 84 cm

尾长 32 ~ 35 cm

豹、雪豹。只有当一个生态系统里有猫科动物存在时，我们才认为这是一个健康、完整的系统。

在中国有分布的野生猫科动物成员一共有 13 种：虎、豹、雪豹、云豹、猞猁、金猫、豹猫、渔猫、兔狲、云猫、荒漠猫、野猫、丛林猫。

根据分类标准的不同，全世界共有 38 ~ 41 种野生猫科动物，中国是世界上同时拥有猫科动物物种最多的国家之一。

三大阶梯和三种大猫

中国的地势格局大致可分为三级阶梯：第一级阶梯是海拔最高的青藏高原，平均海拔 4000 米以上；其次为中部的第二级阶梯，其东部以大兴安岭—太行山—雪峰山为界，平均海拔 1000 ~ 2000 米，以相对平缓的山地和高原为主；第三级阶梯为第二级阶梯以东的平原和丘陵地带，地势平缓，适合农耕。

低地森林里的东北虎

通常，人们把猫科动物分成“大猫”和“小猫”，前者指豹亚科成员，包括豹属和云豹属，后者指猫亚科成员，包括所有其他现生猫科动物。豹属的几个成员——狮、虎、豹和美洲豹因其特殊的声带和咽部结构，所以能发出低沉而有震慑力的吼叫声，也叫“吼猫”，雪豹和云豹属成员虽然无法发出真正的吼声，但也和豹属的其他成员一起被列为“大猫”。

中国有三种豹属大猫，它们分别在中国地势的三大阶梯占据了食物链顶端的位置。

虎是世界上体型最大的猫科动物之一，主要在丛林中伏击大型有蹄类，因此喜欢地势相对平缓的环境。在中国，虎主要生活在地势最低的第三级阶梯，但在西部也有一些边缘分布。过去，中国曾生活着 4 ~ 5 个虎亚种，包括东北的东北虎、南方的华南虎、西南的印支虎和孟加拉虎，以及西北的里海虎（新疆虎），中国也因此成为世界上虎亚种最多的国家。但如今，中国野生虎的总数可能不超过 100 只。

东北虎曾经遍布东北、内蒙古东部、河北北部，一直到北京。但如今东北虎只分布于中国东北地区与俄罗斯、朝鲜交界的狭窄边境区域，数量只有几十只。

华南虎曾经遍布中国东南部，江西、福建、贵州、湖南、广东都是盛产虎的地区，虎的踪迹向北一直到达山西、陕西。然而今天，在野外一只华南虎都找不到了，它们基本都消失于 20 世纪 80 年代以前。今天，只有 200 多只圈养华南虎肩负着复兴这个亚种的全部希望。

印支虎生活在云南南部和广西的亚热带森林里。它可能与华南虎有着广泛的基因交流，两个亚种之间的关系错综复杂，事实上，过去很多被认为是华南虎的虎记录很可能是印支虎。中国的印支虎野外记录消失于 21 世纪的头 10 年，它们或许再也不会回到中国南方的森林里了。

孟加拉虎如今还在藏南的森林里偏安一隅，这些中国最偏远且难以到达的地方成了它们的避难所。如果保护的行动能追上开发的脚步，或许它们还能够世代生活在那里。

而里海虎，则可能早在一个世纪前就已经灭绝。虽然现在认为里海虎其实和东北虎是同一个亚种，但这些生活在西部干旱荒漠里的沼泽和河流沿岸的虎，其生态价值却是独一无二、不可替代的。

与虎类似，豹在中国也有至少 4 个亚种——华北豹、东北豹、印支豹和印度豹，中国也是世界上豹亚种最多的国家。豹对环境的选择与虎类似，但豹的体型比虎小，能够适应更加崎岖的地形。在虎的竞争压力下，豹种群在第二级阶梯兴旺发达，甚至扩散到第一级阶梯的东部，是中国分布最广泛的大猫，也是地球上分布最广泛的大猫。但今天，中国的豹已经从绝大多数历史栖息地里消失，其强大的

◀荒漠猫漂亮的蓝色眼睛和醒目的耳尖簇毛。寿子先 / 摄

时把野猫的几个亚种也独立成种），也可以认为它是野猫的第四个亚种——青藏野猫。

但物种分类取决于很多条件，外观、遗传、历史习惯、保护需求……至少在目前，科学界的共识还是将荒漠猫看作生活在中国青藏高原东部的一种独立的猫科动物。它也是中国拥有的三种猫属动物（荒漠猫、丛林猫、野猫）之一。

荒漠猫没有亚种划分，相对于其他的猫科物种，荒漠猫可能是分布面积最小的一种。无论是青海还是四川、甘肃的荒漠猫，在外观上并无差异。

形态

荒漠猫的体型与家猫相似，但略大一些。它的毛色在枯草色到棕橙色之间，随季节变化而略有不同，因此当地人也叫它“草猫”。幼猫身上布满条纹，但成年后这些条纹就会褪去，只在尾巴后半段留有几道明显的黑色环纹，尾尖为黑色。

荒漠猫的毛色特征与丛林猫非常相似，而且体型和体重也接近，在过去的一些资料中，曾发生过把荒漠猫误认为丛林猫的例子，导致一些错误的记录。一般来说，荒漠猫的毛比丛林猫长，尾巴更粗，而且并不像丛林猫那样身材高挑。

根据在野外获得的一些荒漠猫个体的数据，在秋末的时候，荒漠猫的体重达到较高的值（雌性平均 6 千克，雄性平均 7.3 千克），而在春季它们的体重较轻（雌性平均 4 千克，雄性平均 5.5 千克），显然冬季会消耗它们大量的脂肪。

荒漠猫的耳尖有明显的簇毛，这一点和猫属的其他成员类似。在某些角度下，荒漠猫的眼球呈非常明显的蓝色，这在野生猫科动物中较为罕见。其吻部为白色，但不似丛林猫那样明显。

分布和栖息地

荒漠猫主要分布于青藏高原东北部海拔 2000 ~ 4000 米的山区或山下的农田区域，包括甘肃西北部和南部、青海东部和南部、四川西部和西藏东北部。一些资料中关于内蒙古、陕西的荒漠猫记录可能是不正确的。

荒漠猫的名字与其生境选择并不相符，它更加偏好灌草丛丰富的浅山区，或者有起伏的高原草原环境，偶尔也出没于海拔 4000 米以上的高山地带。冬季，山区的荒漠猫可能会下到海拔较低的山谷，到森林里活动。近期的研究表明，在山前的平原或盆地里，荒漠猫能够很好地利用人类的农田、人造林地以及自然恢复后的荒地，前提是这里有足够多的鼠类，以及较轻的狩猎压力。

食性

荒漠猫的食物包括鼠类、兔类、鸟类等多种小型动物，其中鼠类是其最重要的食物。一项对 134 份荒漠猫粪便进行的 DNA 分析发现，荒漠猫的食谱包括 8 个目的数十种动物：其中最重要的为啮齿目和兔形目，主要包括田鼠、鼢鼠、鼠兔等小型兽类；其次为雀形目和鸡形目，包括云雀、鹀、雉鸡等鸟类；无尾目（蛙类）、偶蹄目（可能为家畜）、劳亚食虫目（鼩鼱）和鲤形目（鱼类）也出现在其食谱中。

根据对青海一个荒漠猫种群的观察和研究，当地的荒漠猫几乎全天都会捕猎，但晨昏和夜间的捕猎行为更加频繁。它们习惯于躲在洞穴里休息，然后出洞在鼠类活动较多的地方来回巡游寻找猎物。它们会倾听鼢鼠在地下发出的声音，一旦确定猎物的位置，就会蹲伏下来，静待捕猎时机，等候过程可能长达十余分钟。时机一到，它们就会猛地跃起，用前脚扑倒接近地面的鼢鼠，迅速将其咬死，然后叼着猎物去附近的灌丛里进食。一只荒漠猫一天可能捕猎多次，在白天，大约每隔 5 小时便会观察到它出来捕猎一次。

▶ 在荒漠猫洞穴附近收集的鼢鼠头骨，可见鼢鼠是其重要的猎物。熊吉吉 / 摄

▶ 成功捕捉到鼢鼠后，把猎物带到更安全的环境享用的荒漠猫。祁连山国家公园青海管理局、北京大学、猫盟 / 供图

一些牧民表示，荒漠猫会捕猎初生的小羊，这个说法得到了粪便 DNA 分析的证实。这表明荒漠猫在野外也有可能捕捉岩羊、马麝、藏原羚等有蹄类的幼崽。

习性

荒漠猫具备大多数猫科动物的共同习性，如独居生活、有独立的家域。不同地区的荒漠猫家域面

▲站在洞口的两只小荒漠猫。山水自然保护中心 / 供图

积、活动规律会因猎物数量和栖息地质量而有差异。

在猎物比较丰富的地区，不同的荒漠猫可能会共用同一片猎食场，甚至能保持较高的种群密度，它们会在这个区域里活动和觅食，但不同个体间依然会形成相对独立的核心家域。卫星跟踪项圈提供的数据显示，一只荒漠猫的核心活动区域可能只有 1 ~ 2 平方千米。有时一些荒漠猫会进行原因不明的长距离跋涉，它们可能在几天内移动 30 千米以上，远离自己的核心活动区。这可能是一些亚成体在进行扩散的尝试，或是其之前活动的区域受到了某种干扰。

即便不在繁殖期，荒漠猫也会经常利用洞穴进行日常的休息和躲避。它们通常选择旱獭留下的洞穴甚至一些人工洞穴，每只荒漠猫可能利用数个不同的洞穴。

荒漠猫通常在春季交配，在 5 ~ 6 月产崽。一胎往往可产 3 ~ 4 只幼崽，但这些幼崽全部长大的概率并不高。小荒漠猫大约在半岁时即可独立生活。

荒漠猫分布区往往同时分布着多种食肉动物，面对赤狐、藏狐、豹猫、兔狲等中小型食肉动物的竞争，荒漠猫往往处于优势，但猞猁、狼、雪豹等大型食肉动物会对荒漠猫造成严重的威胁。在猞猁占据优

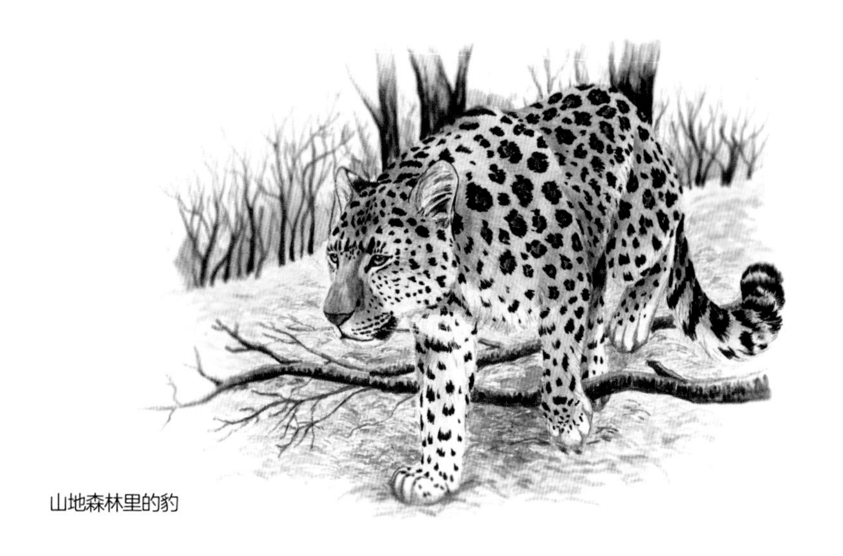
山地森林里的豹

适应能力也仅仅能让它在一些人为干扰较少的碎片化栖息地里勉强存身。随着保护力度的加强，豹还有望在未来再次繁荣兴旺。

东北豹曾经濒危至人们认为全世界仅剩下不到 50 只，但今天，仅在中国就有超过这个数字的东北豹个体。

华北豹是中国特有的亚种，其种群在太行山、吕梁山、子午岭、秦岭、六盘山等华北的山脉里残存至今。随着保护工作的开展，在很多地方，华北豹的种群都有复苏的迹象。而最新的研究表明，生活在青藏高原东南部广大区域的种群健康、数量众多的豹可能也是华北豹，这或许意味着华北豹的种群数量达到了一个不会令人特别担心的数字。

生活在西南地区的印支豹如今仅在云南南部的边境地带偶有出现。由于整个东南亚的印支豹种群均遭受盗猎和栖息地丧失的严重威胁，因此中国的印支豹前景并不乐观，它们可能随着国外相邻种群的消失而面临基因多样性下降乃至濒临灭绝的境况。

印度豹生活在喜马拉雅山脉南坡的茂密森林里。在中国，它们的分布有限，目前仅在珠穆朗玛峰附近的一些低海拔沟谷里有记录。

全中国的豹有多少无人知晓，它们的数量可能在 1000 ~ 2000 只，但也有可能更少。

中国的第一级阶梯青藏高原，也被称为除了南北极以外的地球“第三极”。这里平均海拔高达 4000 ~ 5000 米，高寒缺氧的环境考验着所有的生命。然而就在这样的严酷之地，也存在着奇妙的高原生态系统，而雪豹则是这个生态系统的王者。

高山裸岩地带的雪豹

雪豹的足迹遍及青藏高原和新疆、内蒙古的一些山脉。雪豹是中国种群最完整、最健康的大猫，它们生活的地方远离人类，也因此获得了相对安全和完整的广阔栖息地。从西南的喜马拉雅山脉到西北的天山山脉和阿尔泰山脉，雪豹活跃在海拔 2000 ~ 5000 米的高山地带。中国拥有世界上面积最大的雪豹分布区，同时也拥有世界上数量最多的雪豹种群，它们的数量可能达 4000 只以上。

西南山地：群猫聚集之地

从四川平原西部的山脉到云南、西藏的边境地带，中国西南地区的山地是中国生物多样性最高的地区，同时，这里也是猫科动物种类最丰富的地方。

除了集齐三种大猫——虎、豹、雪豹，这里还有许多代表了南方或热带的物种，其中有两种大中型猫科动物——云豹和金猫，以及至少四种小型猫科动物——豹猫、渔猫、丛林猫、云猫。

与虎、豹等大型猫科动物强大的适应性不同，云豹和金猫是南方湿润常绿森林的代表物种。它们生活在受季风影响的多雨地带，都以一些中小型猎物为主要食物。

云豹曾经在中国东部和南方广泛分布，安徽、江西、云南、贵州等省过去有很多云豹的记录。云豹拥有高超的树上活动能力，因此偏爱在南方繁茂的森林里活动，它们既能够在树上捕捉松鼠和猴子，也能在地面捕捉麂子、野兔等猎物。

对森林的大面积砍伐和高强度的狩猎最终让中国绝大多数云豹走向消亡。今天在中国内地已经找不到云豹，它们仅在西南边境的一些森林里还偶有记录。云南的西双版纳、德宏和西藏的林芝—藏南地区是今天仅有的还能记录到云豹的地方。中国的云豹极其稀少，可能在 100 只以内。即便已经实施了强有力的保护措施，我们也可能会失去这种猫科动物。

同为南方森林的代表，所有生活着云豹的地方也同样有金猫出没。金猫的体型与云豹相仿或略小，主要猎物是小型啮齿类和雉类，但它们完全有能力捕捉更大的猎物，如小麂、毛冠鹿，甚至斑羚。与云豹相比，金猫能够适应更加寒冷的高山环境。从四川岷山至陕西秦岭，金猫会出现在海拔 1000 ~ 2000 米甚至更高的地方，与大熊猫比邻而居。这里的冬季非常寒冷，但豹、狼、豺等更大型的食肉动物消失后，金猫却在这些地方兴旺起来。同样，在西藏东南部，云豹很少到达海拔 1500 米以上的区域，但金猫却出现在这些海拔更高的森林里。

金猫拥有猫科动物里最为复杂的毛色：从浅灰色、红褐色，一直到纯黑色和花斑色型，根据毛色可以分为 6 个不同的色型，根据斑纹又可以分为纯色系和花斑系两个斑纹系列。

中国金猫的境况可能并不比豹好，在华东和华南的绝大多数地方，金猫已经消失。其种群数量可能与豹相仿，但也可能更少。

云猫的外形像一只小型云豹，但其实它与金猫的血缘更近。云猫拥有中国 13 种猫科动物里尾长比最高的尾巴（与雪豹类似），这彰显了它优秀的树栖能力。虽然云猫也会在地面活动，但它在树上表现出来的灵活性意味着它可能主要在树上捕猎，热带森

南方常绿林里的云豹

南方山地森林里的金猫

热带森林里的云猫

捕鱼的渔猫

林中种类繁多的松鼠、鼯鼠以及鸟类，可能是云猫最主要的食物。

云猫是一种典型的热带动物，主要分布在东南亚地区，中国云南和西藏东南部的栖息地只是其分布区的边缘地带。这意味着中国云猫的数量不会太多。人们对中国的云猫了解很少，但这种强烈依赖原始森林的猫科动物正不断受到天然林减少的威胁，它们几乎无法适应被严重砍伐后的森林。

渔猫是豹猫的亲戚，但体型要比豹猫大得多。顾名思义，它喜欢在近水的地方活动，捕捉水里的鱼或者其他猎物。这种主要生活在亚洲南部的猫，事实上在中国并没有确凿的存在证据，没有照片，甚至没有可信的标本和毛皮记录。我们今天只能根据其分布规律推测它有可能出现于云南南部和藏南地区。

丛林猫则是另一种缺乏野外存在证据的猫。这种家猫的近亲外形与家猫非常相似，因此可能常被误认为流浪家猫。这导致丛林猫的可靠记录非常缺乏。有限的标本记录主要来自云南西双版纳和德宏，这种喜欢生活在干旱的河谷或灌丛地带的猫科动物，还有待更多的野外调查来确认其在中国的分布。

豹猫是一种外观像小豹的小型猫科动物，中国有两个豹猫亚种：生活在黄河以北、毛色暗淡、体型较大的北方亚种；生活在南方、毛色艳丽、体型娇小的指名亚种。豹猫并非仅分布于西南山地，事实上，它是中国分布最广的小型猫科动物之一，除了新疆，中国所有省区都有豹猫的记录。

豹猫对环境并不挑剔，除了广布于山地森林地带，在一些湿地乃至海边的红树林、草原的边缘地带，也有豹猫的身影。豹猫是多个生态系统的基本捕食者，常被人们称为“生态的底线”。

在历史上，南方的豹猫曾经因为广泛的狩猎而数量锐减，但现在其数势的地方，往往很难看到荒漠猫的踪迹。草原上的一些大型猛禽，如金雕、草原雕、雕鸮等，也有可能威胁到荒漠猫幼崽的安全。

种群现状和保护

荒漠猫现在是国家一级重点保护动物。在荒漠猫的主要分布区里，它们的生存环境看上去并没有太大的改变，但在一些边缘地带，荒漠猫正在因为各种原因而变得罕见。

荒漠猫遇到的最主要的威胁来自人类活动：放牧和草原灭鼠可能导致荒漠猫的栖息地质量下降，并可能使其二次中毒；越来越多的道路则使得每年有大量荒漠猫遭遇路杀。另一个可能非常严重的威胁来自荒漠猫分布区里越来越多的家猫。一些遗传学研究发现，在荒漠猫的分布区里，普遍存在荒漠猫与家猫杂交的现象。虽然现在并无证据表明野生荒漠猫种群正在因杂交而衰退，但潜在的风险是不可忽视的。

同时，荒漠猫也显示出对人类环境的高度适应性。在一些人工造林和农田地带，荒漠猫迅速适应了当地环境，并且由于食物丰富，种群数量可观。

▲在高山草甸中从容行走的荒漠猫。祁连山国家公园青海管理局、北京大学、猫盟 / 供图

与荒漠猫野外繁殖家庭的第一次邂逅

藏在深山人未识

1892 年，巴黎自然历史博物馆内，看着两张从中国四川西部收购的毛皮，动物学家阿尔方斯 · 米尔恩 - 爱德华兹（Alphonse Milne-Edwards）写道："……体型大约与家猫相同，同时身体上并没有点状或条状的斑纹……尾部末端有 3 ~ 4 个黑色的环，其间由白色的条纹所分隔……"

可惜的是，米尔恩 - 爱德华兹并未见到荒漠猫生活的样貌，不然，他一定会在描述中加上这样一句：

它有着野生猫科动物中唯一的，
最动人心魄的淡蓝色虹膜。

随后，除了 20 世纪 80 年代末一篇对荒漠猫野外废弃洞穴的描述，几乎再也没有关于这种神秘猫科动物野外生态的研究发表。

2007 年，即这个物种被科学发现的 115 年后，北京大学吕植教授的硕士研究生尹玉峰来到四川西部，在这个物种被科学发现的地方，对荒漠猫的现状进行调查。当查看布设在山间的红外相机的影像资料时，他发现一个瘦小的身影在干枯的岩石前穿行而过——这是荒漠猫的第一张野外照片。而这似乎是一个时间节点，自此之后，在青藏高原东缘，从祁连山脉到横断山脉，荒漠猫被不断地目击与记录。

但是，除了偶尔出现在影像记录中的惊鸿一瞥，荒漠猫真实的生活究竟是怎样的，仍然没人能给出答案。

嘉塘草原初邂逅

2018 年 9 月的一个傍晚，出现在三江源嘉塘草原一个寻常草坡上的如火焰般的身影，为我们打开了第一扇窥探这个神秘物种真实

◀ 荒漠猫独有的蓝色眼睛。猫盟 / 供图

▶ 全球第一张荒漠猫野外照片——这一发现也被《科学》杂志所报道。北京大学自然保护与社会发展研究中心 / 供图

生活的窗户——山水自然保护中心（以下简称山水）的工作人员在野外调查中发现了一个由一只成年母猫和两只约 4 月龄的小猫组成的繁殖家庭，而这也是这个物种在全世界的第一笔野外繁殖记录。

在随后的 4 个多月里，保护工作者通过样线调查、红外相机监测以及社区访谈等方式，对这一区域内荒漠猫的生存状况进行了调查。最终，山水累计收获了这一家庭的 7555 张照片和 2996 段视频，掌握了无数从未有人知晓的信息。

2018 年 9 月 16 日，这个家庭栖息的第一个洞穴被发现，它们共同在此停留到 10 月 17 日，其间因为未知的原因离开过两次（或许是猫妈妈带领小猫巡视领地，又或是去寻找下一个洞穴）。它们离开这个洞穴的那天，也是最后一次记录到猫妈妈给两只小猫喂奶的日期。

随后，这一家庭搬离了第一个洞穴。经过一周的野外调查，人们终于在 670 米外一个宽阔山谷中的秋季牧场里发现了它们的新居。但是，在发现这个洞穴仅仅 4 天后（2018 年 10 月 26 日），由于大群牦牛进驻牧场，荒漠猫又消失不见了。

之后是将近两个月的寻找，终于，12 月 13 日，社区监测员在山的另一边发现了它们。不过，仅仅 11 天之后，2018 年 12 月 24 日，两只小猫离开洞穴外出独立，开始在这片土地上书写它们自己的故事。此后只有猫妈妈偶尔回到这个洞穴，并于 2019 年 2 月 4 日彻底放弃了这个洞穴。

嘉塘荒漠猫繁殖家庭时间线

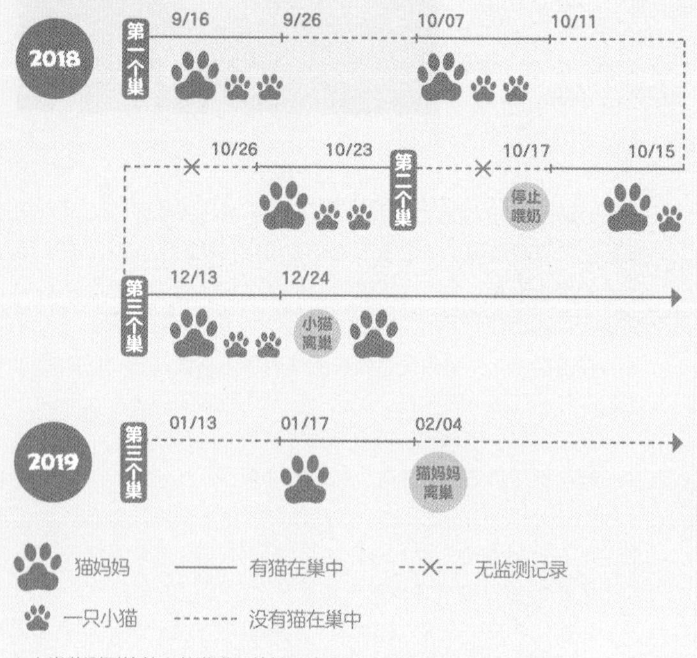

* 人类监测到的首个荒漠猫野外繁殖家庭活动时间线。雪松 / 制图

“衣、食、住、行”大揭秘

通过红外相机获取的影像资料，我们得以首次揭开荒漠猫生活的秘密。下面就从“衣”“食”“住”“行”四个角度，来看看这一荒漠猫繁殖家庭的状况吧。

•“衣”

对荒漠猫来说，“衣”当然就是它们的皮毛。如前所述，荒漠猫的皮毛并没有像雪豹或豹猫般显著的花纹，麻褐色的皮毛似乎与沙漠里单调的环境十分匹配，也难怪最初的命名者误以为它们生活在荒漠中，其早期的英文名就叫作 Chinese Desert Cat（中国荒漠猫），荒漠猫这一中文名也来自英文直译。但是，倘若真的去过青藏高原，你便会发现，荒漠猫这样的皮毛在未经啃食的高原草甸中是绝佳的伪装。正因如此，荒漠猫的英文名称也在后来变更为 Chinese

▲未经啃食的高原草甸。山水自然保护中心 / 供图

▲猫妈妈（左上）、小母猫（右上）、小公猫“肥宅”（左下）和另一只雌猫（右下）。山水自然保护中心 / 供图

Mountain Cat，意为“中国山猫”。

尽管荒漠猫的皮毛缺少明显特征，同一个体的皮毛也会出现不同年龄、不同季节的差异，但如果仔细比对，还是可以发现个体之间一些稳定的特征和差异，比如它们尾部的黑色环纹和尾端毛色，从而分辨不同的个体。对于成长中的小猫而言，至少从 4 月龄起这一特征已经不再变化。基于此，截止到 2019 年，山水在嘉塘草原确定了至少 5 只荒漠猫个体的存在，分别是繁殖家庭中的猫妈妈和两只小猫，以及另外一只雌猫和一只雄猫。

在连续的监测中，我们也发现了荒漠猫随着年龄增长“换装”的秘密：小猫的毛色更浅，身上的斑纹更明显，尾环的数量也更多。随着年龄的增长，它们逐渐变得跟成体一样“平平无奇”。

由于两只小猫正好一雄一雌，在两只小猫的成长过程中，研究

◀ 2018 年 9 月 19 日，4 个月大的荒漠猫体色相对较浅，花纹也更清晰，尾巴黑环的数量有 5 ~ 6 个，耳尖的簇毛还不甚明显。山水自然保护中心 / 供图

◀ 2018 年 10 月，5 个月大的小猫颜色明显变深，耳尖的簇毛也变得更加清晰。山水自然保护中心 / 供图

▲ 2018 年 12 月，小猫的体型和体色几乎已经同大猫并无差别，身体上的花纹也变得如成年猫般若隐若现，尾部也同大猫一样，只留有 3 ~ 4 个清晰的黑环。此时，在夜间有时甚至难以区分究竟是猫妈妈还是小猫。山水自然保护中心 / 供图

◀荒漠猫的雌雄分辨。山水自然保护中心 / 供图

人员还注意到，荒漠猫的性别差异似乎大于其他小型猫科动物。桑德森等研究人员（Sanderson et al，2010）指出，雄性荒漠猫的体重甚至可以达到雌性的两倍。而从红外相机拍摄到的影像来看，相比于雌性，雄性的尾部更加蓬松，面部更加宽阔，而且耳端的簇毛也更加明显。

- **“食”**

“民以食为天”这句话不仅适用于我们人类，也适用于所有动物。在监测过程中，我们毫不意外地记录到多次荒漠猫捕食、进食、喂食的有趣场景，从猫妈妈给小猫喂奶，到教会小猫独立捕食。

首先，在给小猫喂奶时，荒漠猫并没有像同域分布的猫科动物（比如雪豹或兔狲）一样采取躺下喂奶的方式，而是采取了一种谨慎的蹲坐姿势。这或许是为了随时防备天敌，以便在发现天敌的瞬间成功逃跑。

随着小猫的成长，猫妈妈的奶水已经不足以满足小猫的需求。因此，在小猫还没有完全断奶时，便可以经常观察到猫妈妈带着捕捉到的高原鼠兔来喂给小猫。

当带着食物回来时，倘若小猫藏在洞中，猫妈妈便会发出类似于家猫踩奶的“咕咕”声来呼唤小猫。在听到妈妈呼唤的声音后，两只小猫便会瞬间从洞中出来，开始……玩食物，这也是为了练习捕食技能。

等完成了每日训练，小猫便会将猎物叼进洞中——所有的猎物结局都是如此，红外相机从来没有记录到荒漠猫在外面进食，食物的处理全部都是在洞中完成的。而且，在荒漠猫从第一个洞穴搬走后，研究人员曾在洞中发现过两个完整的鼠兔的胃，胃从贲门和幽门处被完整地咬下，可见荒漠猫进食时有多挑剔。

同时，红外相机还多次记录到猫妈妈取食一些草，这可能是为了帮助消化。

当然，妈妈不在时，小猫——特别是年少的肥宅——也常常尝试学习自己捕猎。当然，重点是“尝试”和“学习”。

另外一个有趣的地方是，作为一种小型野生猫科动物，荒漠猫排便时会刻意走到距离洞穴 100 ~ 150 米的地点，之后还会专门将粪便掩埋起来，非常谨慎。

▲在洞口蹲守猎物的荒漠猫。猫盟 / 供图

• “住”

桑德森等（2010）曾写道，荒漠猫喜欢使用在“草原或灌木覆盖的山脉”的南坡上由“旱獭或狗獾挖掘但废弃的洞穴”。当时这或许只是一个经验丰富的动物学家根据间接证据做出的推测，但山水的研究为这种说法提供了实证。

▲山水发现的荒漠猫的 5 个洞穴。山水自然保护中心 / 供图

尽管荒漠猫具有效果极佳的保护色，但草原上的天敌还是很多而且目光敏锐。荒漠猫白天常躲在洞穴里休息，捕食后也会待在安全的洞穴中享用，整个繁殖育幼的过程更是离不开洞穴。由于荒漠猫本身并不具备挖洞的能力，所以它们只能占用其他动物废弃的洞穴，甚至主动出击，赶走或杀死洞穴的主人，将洞穴占为己有。

在山水的这次研究中，总共记录到 5 个荒漠猫的洞穴，除了前面提到的在 2018 年发现的 3 个洞穴，研究人员还通过对一户社区居民的访谈找到了另外两个曾在 2017 年被荒漠猫利用的洞穴。这两个洞穴背后，还有一段有趣的插曲。

2017 年 7 月，几乎就在这位牧民的院子里，一只带着 4 只小猫的雌性荒漠猫杀死了一只旱獭并抢占了它的洞穴。因为笃信藏传佛教，这户人家并不喜欢荒漠猫在自家院子里捕杀鼠兔，但是因为小猫太小了，所以他们直到大约 11 月才将这个荒漠猫家庭赶出自己的院子。不过，它们并没有走远，仅仅搬到了距离第一个洞穴大约百米的另一个地点。

之后，山水对 2017 年的两个洞穴和 2018 年的 3 个洞穴进行了测量，洞口直径从 29 厘米至 41 厘米不等，平均直径为 34.6 厘米。2017 年的洞穴洞口被杂草或石头覆盖，而 2018 年的 3 个洞穴则完全暴露在外。但相同的是，每个洞穴都只有一个入口，并不像许多草原穴居动物的洞穴那样拥有四通八达的复杂洞道。

- “行”

这里的“行”不是“行走”，而是“行为”，万余段影像资料向我们展示了无数从未有人了解的荒漠猫行为。总体而言，在小猫已经足够大，可以自己活动时，荒漠猫家庭都会选择在晴朗的午后从洞中出来，慵懒地趴在洞口晒太阳。

当然，在这样好的天气里，让小猫安安静静地趴在地上晒太阳是绝不可能的——荒漠猫幼崽好奇的天性让它们抓紧了每时每刻来探索周围的环境。它们既能自得其乐，也会互相打闹，时而拨弄猎

▲“捉迷藏”——这张照片也被《自然》评为当月全球最佳自然照片之一。山水自然保护中心 / 供图

物和草叶，时而探索冷眼观察的红外相机，当然也常向妈妈撒娇。

这些视频还向我们展示了两只小猫迥然不同的性格——小雄猫好奇心重，胆子大，看到什么都想上去拨弄，而相比之下，小雌猫则更为谨慎和安静。这是性别所致还是个体差异呢？这还需更多资料来验证。

比如，从上面扫码观看的影像中我们就可以清楚地感受到这一点：面对在头顶盘旋的大鵟，小雌猫在第一时间缩回了洞中，而小雄猫则似乎不以为意，甚至想要把大鵟从天上拦下来。

玩耍对于小猫而言其实并不仅仅是纯粹的娱乐，更重要的是，这是它们学习和了解世界，同其赖以生存的家园建立起联系的最重要的方式。但是，当两只小猫醉心于探索这陌生的世界时，妈妈则要担负起警戒的重任——风平浪静的世界实际上危机四伏！

在两只自由自在且无忧无虑的幼崽面前，猫妈妈没有一刻放松下来的神情几乎是唯一能够提醒我们它们来自野外的标志。也正是猫妈妈的警戒保证了小猫的自在探索和种群的持续繁衍。

荒漠猫保护进行时

作为中国特有的两种食肉动物之一，荒漠猫受到的关注要远远小于另外一种——吃竹子的大熊猫。荒漠猫被 IUCN 列为易危物种，原因为其“可能”较小的种群数量，“极可能的”栖息地破碎化，以及“潜在”的种群下降趋势——所有的“可能”都源于信息的缺失，而这也正是这一物种面临的现状。对于荒漠猫，野外调查、科学研究以及保护行动的不足，像是横亘在保护学家面前的三座大山，直接影响着对其生存状况的维系和改善。

因此，当我们感叹裸岩之上雪豹的神秘莫测，或戏谑乱石之中兔狲的呆萌可爱时，请不要忘记，在中国西部的旷野之中，还闪烁着如天空般湛蓝的瞳孔和如火焰般摇曳的身躯。

▲雪地里回眸的荒漠猫。雪松 / 摄

JUNGLE CAT

丛林猫

Felis chaus

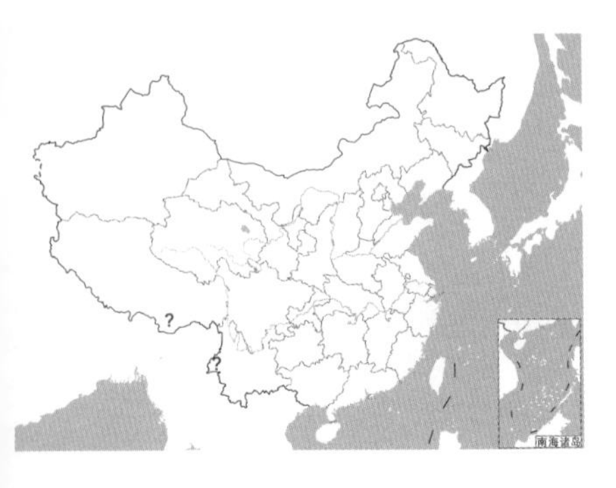

演化和分类

丛林猫是猫属支系（野猫、荒漠猫、丛林猫、黑足猫、沙猫）中体型较大的成员。大约 300 万年前，丛林猫开始与其他猫属动物产生分化。因其毛色变化较大，分类学家根据形态将其分为 6 ~ 9 个

中文别名：苇猫 / 沼泽猫

◀身材瘦高显得十分精干的丛林猫。戴维·拉朱/摄

亚种，但这并未得到遗传学研究的支持。

由于丛林猫和家猫长得很像，导致了两方面的问题：一是很多丛林猫可能被当作流浪猫，并未被注意，因而有些分布区可能被遗漏；二是它确实有可能和家猫杂交，这可能导致有些地区的丛林猫基因不纯或种群衰退。

形态

成年的丛林猫长相介于家猫和猞猁之间。这是一种总体观感较为瘦高的猫，它的体长为 56 ~ 94 厘米，尾巴较短，约为体长的 1/3。丛林猫的毛较短，腿较长，这使得它看上去比较高挑而瘦削，但其体重在猫属中偏重，上限接近金猫的平均体重。西亚至中亚地区的丛林猫体型明显大于南亚和东南亚地区的个体。

丛林猫耳朵较大，耳尖有簇毛，但和其他猫属成员一样，其簇毛并不像猞猁那么显著。其面部的显著特征是吻部及下颌为白色。成年丛林猫体毛呈淡草黄色至棕色，通常可分为深色型和浅色型。丛林猫身上并无明显斑纹，但其腿部，特别是前腿，外侧有条纹或斑点，内侧则有明显的条纹，这些斑纹可成为物种的识别特征。像其他猫属成员一样，丛林猫的尾巴上也有环纹，越往后越明显，尾梢为黑色。

在印度和中国云南、西藏乃至广东等地，有很多长相与丛林猫很像的家猫，这可能意味着当地的家猫历史上曾与丛林猫杂交。

分布和栖息地

丛林猫主要分布于亚洲南部，中南半岛和南亚次大陆是其主要分布区。丛林猫在亚洲西部避开了沙漠，一直分布到中亚北部的哈萨克斯坦至俄罗斯南部，以及非洲北部的埃及。在中国，丛林猫的野外信息十分缺乏，虽然根据历史记载，丛林猫曾经分布于云南、贵州、四川、广西、西藏等省区，但实际上，这些记录较为混乱。正如前文所述，丛林猫的外形和家猫有时候难以区分，这会导致一些误认或者记录上的遗漏。根据丛林猫的现存分布区，云南、西藏可能存在一些丛林猫的潜在分布区。

丛林猫是一种名字与习性很不相符的猫。它并不喜欢茂密的森林环境，而是更加偏向于湿地芦苇、海滩的灌木林等环境，因此其别名为“沼泽猫”或“苇猫”。在埃及、伊朗、哈萨克斯坦等地，丛林猫会出现在相对干旱的环境里的绿洲和河谷地带；在东南亚，它们则选择在干燥的森林里生活。丛林猫不善于登山，通常选择相对平缓和低矮的地方，但在喜马拉雅山脉，丛林猫可到达海拔 2400 米的地方。丛林猫对人类环境有较强的适应能力，农田是其捕捉老鼠的好场所。

食性

丛林猫的猎物以各种鼠类为主，通常为体重 1 千克以下的田鼠、跳鼠、沙鼠、黄鼠等，但它们也喜欢捕食体重达 2 千克的麝鼠，甚至

◀ 并不喜欢丛林的丛林猫。戴维·拉朱 / 摄

是体重超过 5 千克的海狸鼠。鸟类也是丛林猫的重要食物，各种雀形目鸟类和雁鸭类、雉类都是其偏好的猎物。有蹄类的幼崽或许也会成为丛林猫的猎物。此外，丛林猫也会捕捉家禽或小型家畜，并因此引发人兽冲突。

丛林猫是游荡型猎手，它会在不同的觅食地之间游荡，伺机捕捉猎物。丛林猫会隐蔽在茂密的芦苇或灌丛中，伏击鸟类等猎物；它也非常善于游泳，会涉水前往小岛或苇丛寻找猎物，并在水中捕捉鱼类和水鸟；它会从洞穴中把麝鼠挖出来吃掉，有时也会捡拾其他食肉动物吃剩的猎物。

习性

关于丛林猫生活史的研究非常缺乏，对它们的野外习性我们所知甚少。根据有限的认识，像大多数猫科动物一样，丛林猫平时独自生活并拥有自己的家域。一只雄性丛林猫的家域可能会覆盖几只雌猫的家域，它们会通过气味、声音等方式标记领地范围，同时这也是个体间交流的一种方式。

生活在北方的丛林猫，如中东、中亚北部的种群，大约在秋冬季节开始发情和交配，在冬季到春季产崽，一胎通常为 2 ~ 3 只，雌猫独自抚育幼崽。丛林猫幼崽跟随妈妈的时间比一些体型更小的猫科动物略长，但又比大型猫科动物短，通常为 8 ~ 9 个月。此后小猫开始独立生活，并尝试建立自己的领地。

丛林猫在野外的寿命目前尚不清楚，估计和大多数中小型猫科动物相似，在圈养环境下丛林猫能活 20 年左右。

种群现状和保护

丛林猫在全球范围内被评估为无危，但其种群数量正在下降，不同地区的种群状态差异也很大。在南亚的农村，丛林猫非常常见，但在东南亚就相对罕见。一般来说，丛林猫面临的主要威胁在于栖息地丧失。由于其偏好的湿地环境很容易被开发成农田或人类居住区，而且这些地方往往没有建立保护区，因此丛林猫很容易受到影响。此外，由农药和灭鼠药导致的鼠类减少，因捕食家禽而被人类报复性猎杀，以及人类狩猎，都是造成丛林猫数量减少的重要原因。事实上，在丛林猫分布区的边缘地带，很多地方的丛林猫就算消失了可能也不会被人注意。

在中国，丛林猫的野外信息十分缺乏，历史记录十分混乱，难以核实。迄今为止，甚至没有一张丛林猫清晰的野外记录照片，而仅有一些皮张记录，因此其野外种群状况难以评估。2021 年，丛林猫被列为国家一级重点保护动物。

中国猫科动物保护综述

隆冬时节，在位于长白山脉的东北虎豹国家公园内，一只雄性东北虎漫步在白雪皑皑的森林里。厚达半米的积雪让它有点儿步履蹒跚，零下 20 摄氏度的低温则让它每次呼吸都呼出白色的雾气。

现在是早上 8 点，初升的太阳并未给大地带来多少温暖。在这样严寒的季节里，这只东北虎追踪着一群梅花鹿。积雪给鹿群带来了更大的麻烦，它们的长腿陷入雪中，行动不便。东北虎敏锐的感官足以让它在远处就锁定鹿的方位，它悄悄接近。虽然东北虎是最强大而有力的猫科动物，但它依然遵循着大多数猫科动物的捕猎策略——偷袭。它等待着一跃而出的机会，然后短距离冲刺扑倒猎物。

在西藏墨脱，雅鲁藏布江一条支流的河谷里，一只云豹正趴在一棵大树上打盹儿。昨天夜里它抓住并吃掉了一只猕猴，现在气温开始上升，云豹并不打算在炎热的白天活动。雨林茂密的树冠提供了近乎完美的遮蔽，躲在阴影里的云豹几乎不会被任何动物发现。

中国和十三种猫科动物

中国幅员辽阔，地形多变。世界上没有任何一个国家能在地理、气候的多样性上与中国媲美。

中国疆域辽阔，东西跨度逾 5000 千米。地势起伏巨大，地貌类型多样，山脉纵横交错。从海洋而来的湿润气流受到地势的影响，造就了多样的气候类型和复杂的气候格局。

多变的气候孕育了复杂的生境。从海边的红树林，到青藏高原的高山流石滩；从常年温暖湿润的热带雨林，到冬季冰封雪飘的泰加林；从西北的极旱荒漠，到江南的水网湿地……这是中国生物多样性的构建基础。

每一种环境类型中，都生活着不同的植物和动物，它们通过食物网彼此息息相关，共同构成完整的生态系统。在青藏高原的草原上，草作为食物链基本的生产者，会被鼠兔、旱獭、藏原羚等食草动物吃掉，这些食草动物就是初级消费者。而香鼬、兔狲、藏狐则会吃掉鼠兔，这些中小型食肉动物是次级消费者。狼、猞猁不仅会吃掉藏原羚、鼠兔和旱獭，有时候也会为了消除竞争而杀死藏狐、兔狲或香鼬，这些大型食肉动物就是顶级消费者。真菌和食腐的动物会将残余的毛皮和骨头消耗干净，它们是分解者。

中国的每一种陆地生态系统中，都有一种或几种野生猫科动物。其中有些作为小型猎手存在，而有些则占据生态系统里的顶级生态位，比如虎、

身材高挑的丛林猫

生态的底线——豹猫

量有恢复的趋势。然而，近年来宠物市场上出现了许多非法养殖和繁育的豹猫，这成为豹猫野外种群面临的一种新型威胁。

高原之猫

除了雪豹，中国西部和北方的高原上还生活着其他几种猫科动物：猞猁、兔狲、荒漠猫。

猞猁是一种体型比豹小、与云豹接近的中型猫科动物。它在亚洲北部广泛分布，在中国的分布区涵盖了从东部的大兴安岭、长白山，到西部的天山、阿尔泰山，以及整个青藏高原的广阔地域。

北境之王——猞猁

雪豹
Panthera uncia
豹
Panthera pardus
金猫
Catopuma temminckii

中国猫科动物概览

◎ **虎** *Panthera tigris*

东北虎
P. t. altaica

云豹
Neofelis nebulosa

云猫
Pardofelis marmorata

人见人爱的兔狲

中国特有种——荒漠猫

猞猁是一种典型的北方猫，它那厚厚的脚掌适于在雪地上追逐捕猎。在北方的森林里，猞猁喜欢捕捉狍；而在青藏高原上，则会以野兔为主要的食物。

良好的适应能力让猞猁能够在很多地方生存得很好，其种群数量也许是中国大中型猫科动物里最多的。

与豹猫在南方的广适性类似，兔狲是一种在北方广泛分布的小型猫科动物。兔狲不会进入森林深处，但在中国北方和西部几乎所有的草原、荒漠乃至高山上都能发现兔狲，它甚至会出现在距离沙漠很近的地方，干旱对它来说不是问题。兔狲以鼠兔和鼠类为食。在开阔的环境里，由于自身抵御天敌的能力有限，大型猛禽和猞猁、狼等都会捕杀兔狲，因此兔狲非常善于隐蔽。兔狲通常会选择有岩石的环境，在这种地方，它一旦趴下就能瞬间“隐形”。

兔狲的种群分布并不均匀。在很多地方，因为毛皮交易和灭鼠行为而难以见到兔狲的踪迹。即便在人为猎杀较少的地方，兔狲也并不常见。兔狲的种群数量并不明确，许多地方的兔狲急需保护。

荒漠猫是一种中国特有的猫科动物，其外形与家猫接近，二者在野外很难分清。荒漠猫并不生活于荒漠地带，而仅分布于青藏高原东部的狭长区域。从甘肃祁连山一直到西藏东北部都有荒漠猫分布，但祁连山东部到若尔盖草原似乎是其最主要的分布区。荒漠猫偏好海拔 2000 ~ 3000 米的缓山丘陵和草原地带，灌丛、疏林以及起伏的地形是荒漠猫选择栖息地时重要的因素。

虽然在一些靠近人类居住区的地方，荒漠猫密度较高，但是在大多数分布区里，荒漠猫十分罕见。从有限的分布范围可以推测，荒漠猫的数量不可能有很多。

干旱之地的猫

在西北的沙漠边缘，生活着亚洲野猫。这是一种体型与家猫相仿，但浑身点缀着黑色斑点的小型猫科动物。由于其斑纹的特征，它又被叫作草原斑猫。

亚洲野猫是野猫的一个亚种，广泛分布于中亚和西亚地区。与能够在干旱荒漠地带生活的兔狲相比，亚洲野猫会选择更加接近沙漠的地方。但亚洲野猫并不会进入真正的沙漠腹地，因为它主要捕捉各种沙鼠、田鼠和跳鼠，这些猎物在沙漠边缘的草丛地带更加丰富。

亚洲野猫的分布可能沿着河西走廊一直延伸到内蒙古北部，但野外记录非常缺乏。随着越来越多的家猫出现在西北农村，亚洲野猫与家猫的杂交可能成为影响该物种延续的潜在威胁。野猫的栖息地也很容易被忽视，矿产、油田、农田的开发均可能让亚洲野猫失去家园，但截至目前，针对这一物种的研究和调查都非常欠缺。

结语

作为食物链顶端的捕食性动物，每一种猫科动物的生存都与其食物链下端的许多物种息息相关，因此，这 13 种猫科动物在很大程度上也代表了中国的生物多样性，我们无法承受失去其中任何一种。但除了少数几种明星物种，我们对大多数猫科动物所知甚少。只有当更多的人开始关注它们时，对它们的保护才有可能实现。我们希望这本集结了中国 13 种猫科动物信息介绍，以及我们与这些物种在目击、研究和保护等方面的故事的书能成为一个契机，激发大家对中国野生猫科动物的兴趣，引导公众将对生物保护的关注从明星物种扩展到其他物种。

干旱之地的亚洲野猫

◎ **豹猫** *Prionailurus bengalensis*

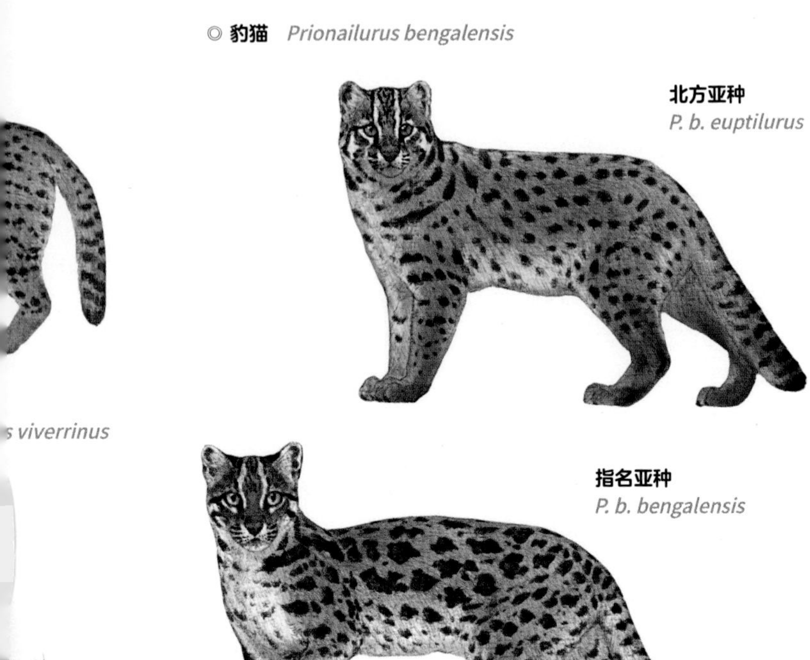

北方亚种
P. b. euptilurus

s viverrinus

指名亚种
P. b. bengalensis

荒漠猫
Felis bieti

猞猁

Lynx lynx

兔狲

Otocolobus manul

丛林猫

Felis chaus

◎ **野猫** *Felis silvestris*

亚洲野猫

F. s. ornate

参考文献 REFERENCE

亨特，巴雷特，2019. 世界野生猫科动物 [M]. 长沙：湖南科学技术出版社 .

黄祥云，2003. 华南虎的生存现状及保护生物学研究 [D]. 北京：北京林业大学 .

蒋志刚，马勇，吴毅，等，2015. 中国哺乳动物多样性及地理分布 [M]. 北京：科学出版社 .

刘少英，等，2019. 中国兽类图鉴 [M]. 福州：海峡书局 .

邱明江，张明，刘务林，1997. 西藏南迦巴瓦峰地区孟加拉虎的初步研究 [J]. 兽类学报，17(1)：1-7.

沈孝宙，1963. 西藏哺乳动物区系特征及形成历史 [J]. 动物学报，15(1)：139-150.

史密斯，解焱，等，2009. 中国兽类野外手册 [M]. 长沙：湖南教育出版社 .

孙崇烁，高耀亭，1976. 我国猫科新纪录——云猫（*Pardofelis marmorata*）[J]. 动物学报，22(3).

谭邦杰，1979. 虎 [M]. 北京：科学普及出版社 .

谭邦杰，1984. 存亡已到最后关头的华南虎 [J]. 大自然，15：13-15.

王渊，李晟，刘务林，等，2019. 西藏雅鲁藏布大峡谷国家级自然保护区金猫的色型类别与活动节律 [J]. 生物多样性，027(006)：638-647.

肖凌云，2019. 守护雪山之王：中国雪豹调查与保护现状 [M]. 北京：北京大学出版社 .

张恩迪，乔治・夏勒，吕植，等，2002. 西藏墨脱格当乡野生虎捕食家畜现状与保护建议 [J]. 兽类学报，22(2)：6.

张荣祖，2011. 中国动物地理 [M]. 北京：科学出版社 .

郑生武，等，1994. 中国西北地区珍稀濒危动物志 [M]. 北京：中国林业出版社 .

中国雪豹保护网络，2018. 中国雪豹调查与保护报告 2018[R].

IUCN 物种生存委员会猫科专家组文档库

IUCN, 2022. The IUCN red list of threatened species. Version 2021-3. ＜ https://www.iucnredlist.org ＞

BANKS M S, SPRAGUE W W, SCHMOLL J, et al, 2015. Why do animal eyes have pupils of different shapes?[J]. Science Advances, 1(7), e1500391.

BARONGI R, FISKEN F A, PARKER M, et al, 2015. Committing to conservation: the world zoo and aquarium conservation strategy[M]. Gland: WAZA Executive Office.

DRISCOLL C A, YAMAGUCHI N, BAR-GAL G K, et al, 2009. Mitochondrial phylogeography illuminates the origin of the extinct Caspian tiger and its relationship to the Amur tiger[J]. PLoS One, 4(1): e4125.

HAN X S, CHEN H Q, DONG Z Y, et. al, 2020. Discovery of first active breeding den of Chinese mountain cat (*Felis bieti*)[J]. Zoological Research, 41(3):341-344.

LÉVI-STRAUSS C, 1992. Histoire de lynx[M]. Paris: Le Grand Livre Du Mois.

LOVARI S, MINDER I, FERRETTI F, et al, 2013. Common and snow leopards share prey, but not habitats: Competition avoidance by large predators?[J] Journal of Zoology, 291:127-135.

LOVARI S, VENTIMIGLIA M, MINDER I, et al, 2013. Food habits of two leopard species, competition, climate change and upper treeline: A way to the decrease of an endangered species.[J] Ethology Ecology and Evolution, 25(4):305-318.

LUO S, YUE Z, JOHNSON W E, et al, 2014. Sympatric Asian felid phylogeography reveals a major Indochinese–Sundaic divergence[J]. Molecular Ecology, 23(8):2072-2092.

MILNE-EDWARDS A, 1892. Observations sur les mammifères du Thibet. Revue Générale Des Sciences Pures et Appliquées, Tome III, 670-671.

NIJHAWAN S, MITAPO I, PULU J, et al, 2019. Does polymorphism make Asiatic golden cat the most adaptable predator in Eastern Himalayas?[J]. Ecology, 100(10), e02768.

PAIJMANS J L A, BARLOW A, BECKER M S, et al, 2021. African and Asian leopards are highly differentiated at the genomic level[J]. Current Biology, 31(9):1872-1882.

图书在版编目（CIP）数据

中国大猫 / 吕植主编. -- 北京: 中信出版社,
2022.7（2023.4重印）
ISBN 978-7-5217-4368-5

Ⅰ. ①中… Ⅱ. ①吕… Ⅲ. ①野生动物—猫科—中国
—普及读物 Ⅳ. ①Q959.838-49

中国版本图书馆CIP数据核字(2022)第077316号

中国大猫

主　　编：吕　植
策划推广：北京地理全景知识产权管理有限责任公司
出版发行：中信出版集团股份有限公司
（北京市朝阳区惠新东街甲4号富盛大厦2座　邮编　100029）
承 印 者：北京华联印刷有限公司
制　　版：北京美光设计制版有限公司

开　　本：889mm×1194mm　1/32　印　　张：8.625　字　　数：200千字
版　　次：2022年7月第1版　印　　次：2023年4月第4次印刷
审 图 号：GS京（2022）0274
书　　号：ISBN 978-7-5217-4368-5
定　　价：98.00元

版权所有・侵权必究
如有印刷、装订问题，一律由印厂负责调换。
服务热线：010-87110909
投稿邮箱：author@citicpub.com